中央宣传部　新闻出版总署　农业部
推荐"三农"优秀图书

鹅高效饲养与疫病监控

（第2版）

袁日进　王　勇　主编

中国农业大学出版社
·北京·

图书在版编目(CIP)数据

鹅高效饲养与疫病监控/袁日进,王勇主编.—北京:中国农业大学出版社,2011.1

ISBN 978-7-5655-0170-8

Ⅰ.①鹅…　Ⅱ.①袁…②王…　Ⅲ.①鹅-饲养管理②鹅-禽病-防治　Ⅳ.①S835②S858.33

中国版本图书馆 CIP 数据核字(2010)第 237422 号

书　　名　鹅高效饲养与疫病监控(第 2 版)

作　　者　袁日进　王　勇　主编

策划编辑　赵　中　　**责任编辑**　莫显红

封面设计　郑　川　　**责任校对**　陈　莹　王晓凤

出版发行　中国农业大学出版社

社　　址　北京市海淀区圆明园西路 2 号　　**邮政编码**　100193

电　　话　发行部 010-62818525,8625　　读者服务部 010-62732336

编辑部 010-62732617,2618　　出　版　部 010-62733440

网　　址　http://www.cau.edu.cn/caup　　**e-mail** cbsszs@cau.edu.cn

经　　销　新华书店

印　　刷　北京时代华都印刷有限公司

版　　次　2011 年 1 月第 2 版　　2012 年 7 月第 3 次印刷

规　　格　850×1 168　32 开本　7.5 印张　185 千字

印　　数　16 801～19 450

定　　价　13.00 元

主　　编　袁日进　王　勇

编写人员　袁日进　王　勇　陆敬刚　陈中华
周　科　高式伟　侯庆永　成　荣
周国安

审　　稿　王志跃

第 2 版前言

我国是世界上养鹅最多的国家，2008 年末全国存栏鹅 22 052.5 万只，出栏鹅 55 804 万只。鹅业是我国改革开放以来畜牧业中发展最快的行业之一，目前发展较快的地区有四川、江苏、广东、吉林、安徽、河南等省份。

鹅以吃青饲料为主，具有投资少、耗粮少、周期短、效益高的特点，是当前畜牧业结构调整的优势产业之一。随着农业产业结构的调整，粮经饲三元模式的推行，为养鹅业的发展提供了极其丰富的饲草资源。鹅产品的广泛开发利用、鹅业的绿色安全生产及鹅业产业化的不断推进将极大地加快养鹅业发展。为了更好地适应我国养鹅业蓬勃发展的新形势，我们根据多年从事养鹅生产实践所积累的经验，结合我国养鹅业的现状特点，参阅国内外养鹅最新技术，在广泛调查研究的基础上，重新修订出版了《鹅高效饲养与疫病监控》一书，供广大读者参考使用。

本书较为全面系统地介绍了养鹅生产中的主要环节及关键技术，主要包括：鹅业发展概况、品种、繁育技术、孵化技术、营养需要与日粮配合、饲养管理、疫病防治、鹅舍建筑与设备、产品加工与利用、鹅场经营管理等。全书资料翔实，具有实用性、可操作性、前瞻性等特点，可供广大养鹅场（户）及基层畜牧兽医技术人员参阅，对从事养鹅业教学及管理人员也有参考价值。

因编者水平有限，书中定有不妥和错误之处，敬请专家及读者批评指正。

编　者

2009.8

目　　录

第一章　概　　况

第一节　养鹅业发展概况

一、数量及分布状况

养鹅是我国畜牧业的传统产业。改革开放以来，随着节粮型畜禽生产作为畜牧业结构调整的重要措施，各地掀起了一股发展养鹅业的热潮，养鹅业获得了迅速发展，1998 年全国鹅饲养量 8 亿只，比 1988 年的 2.6 亿只增加了 2 倍，约占全世界养鹅数量的 70%以上。近几年来，养鹅数量虽然趋于平稳发展，但是规模养殖比重不断增加，养鹅技术不断被提高。

我国的养鹅业主要集中在南方各省，广东、四川、江苏、安徽、福建、浙江等名列全国前茅。广东省鹅饲养量 5 100 万只，主要分布于汕头、湛江及广州中部地区。江苏省 2008 年出栏鹅 7 100 万只，主要分布于南京、扬州、淮安等地。近年来，东北地区依托饲料资源优势，畜牧业得到了较快发展，吉林省 2008 年出栏肉鹅 5 700 万只，居全国前四位。

二、鹅种资源状况

我国幅员辽阔，生态条件复杂多样。中国鹅在漫长的品种形成和普及过程中，由于各地的自然条件和人们进行选择的目标不同，逐渐形成了许多优良的品变种和品种群，丰富了我国鹅的品种资源。新中国成立以来，已调查摸清我国 20 多个地方良种鹅种，编辑出版《中国家禽品种志》,共收录地方鹅种 12 个。在农业部 2006 年公布的国家级畜禽遗传资源保护品种中,就有四川白鹅、伊犁鹅、狮头鹅、皖西白鹅、雁鹅、豁眼鹅、酃县白鹅、太湖鹅、兴国灰鹅、乌鬃鹅 10 个地方鹅种。这些地方鹅种既有中国鹅的典型特征,又具有各自独特的优良性状。各地还建立了一批保种场和良种场,开展鹅的提纯复壮、选育及杂交改良工作,使鹅的生产水平有较大提高。有条件的地方还开展了鹅品种的选育,如扬州大学利用国内鹅种资源育成的中型鹅种——扬州鹅种鹅年产蛋达 70 个,仔鹅 70 日龄活重达 3.5 千克,且肉质优良,已极具推广价值。

三、饲养规模及方式

长期以来养鹅业作为家庭副业,规模不大。随着养鹅业的发展,饲养规模及饲养方式开始发生变化,从副业到主业,从分散小群饲养逐步过渡到大群和集约化饲养,饲养方式从放牧过渡到放饲结合或舍养。以江苏省为例,现有养鹅专业户、场 2 万多个,年出栏鹅 1 200 多万羽,比 1997 年分别增长 35%和 21%。年出栏鹅百万羽以上的县(市)有 13 个,其中兴化、洪泽、淮阴、沭阳、高邮、江宁、六合等县市出栏超 200 万只,已形成当地农村经济的一个特色。

四、科学技术应用状况

鹅病防治、饲料营养、饲养繁殖、产品加工开发等方面都取得了喜人成绩,促进了养鹅生产的发展。例如 20 世纪 80 年代后期推广了活拔鹅毛技术;鹅病防治有了突破,特别是小鹅瘟的发现和命名,其后又研制了小鹅瘟血清和小鹅瘟疫苗,及小鹅瘟病毒单克隆抗体;江苏省家禽科学研究所推广应用了人工授精技术;北京、上海、江苏等地开展了鹅肥肝的生产试验,中国科学院等单位还研制加工生产鹅绒、裘皮等。

第二节 发展养鹅业的优势特点

一、发展鹅业是畜牧业生产结构调整的体现

鹅属节粮型草食家禽，具有利用大量青绿饲料和部分粗饲料的能力。放牧条件下，养鹅耗精料很少，一般料重比为1∶(1.5～2)。我国的国情是人多地少，人均占有粮食水平不高，因此利用丘陵、山坡、草地、田边地角、沟渠道旁等发展耗粮少的养鹅业，无疑是畜牧业结构调整的一个重要方向。有人估计我国南方就有几亿亩可利用的滩地草坡，要是在现有资源的基础上增加一些载鹅数，若每亩再增加2～3只即可再增加饲养量8亿～10亿只。

二、发展鹅业符合种植业结构调整的要求

随着种植业结构的调整，粮、经、饲三元模式的推行，将有部分农田用于牧草种植，同时退田造林以及林牧结合的种养模式，必须有相应的食草畜禽相配套。

三、发展鹅业符合肉类结构调整的需要

鹅的用途广，全身都是宝。鹅疾病少、用药少，并以食草为主，肉质卫生、低药物残留，是安全畜产品。鹅肉脂肪含量11.2%，低于猪肉的28.8%。鹅肉加工产品具有传统特色，品种繁多，深受欢迎。鹅羽绒保温性能好，富有弹性，是高档衣被的填充料；鹅肝作为高能食品，国际市场大；鹅的裘皮制成各种裘皮用品，美观高雅、保暖舒适；鹅血、鹅胆可作制药原料。

四、发展鹅业能实现农民致富

养鹅具有投资低、耗粮少、饲养设施简便、生长周期短、饲养效

益高的特点。育雏期间只需采取一些简单的防寒保温措施；育雏后期可以放牧饲养，而且较少患病，成活率达96%以上；饲养种鹅的房舍设施也十分简单，能避风雨即可。按照目前的行情，农民养鹅每只获利8～10元。

五、发展鹅业有助于提高市场竞争力

安全畜禽生产是当前消费者普遍关心的话题。随着我国加入WTO，鹅肉生产以生产成本低、药物残留低、营养价值高等多方面优势在国内和国际市场都具有较好的市场竞争力，羽绒制品也将占领国际市场。

第三节 养鹅业的发展趋势

一、种质优良化

在做好鹅种资源保护工作的基础上，充分发挥地方鹅种在繁殖性能和适应性等方面的优势，加强鹅的选育工作，广泛开展杂交利用，从而培育具有特殊生产性能的商用配套系进行集约化生产。今后的重点是要建立健全鹅的良种繁育体系，有计划地进行杂交优势的利用以及专门化品系的培育工作。

二、生产管理（程序）标准化

一是按照鹅在不同生长阶段的营养需要，喂给相应的饲料。现阶段我国还没有鹅的饲养标准，随着对鹅消化和营养研究的深入，将逐步确定相应的饲养标准。实现饲养标准化要分两步走：第一步，放牧加补饲相应的配合饲料；第二步，全舍饲全价配合饲料。但实现的时间比鸡、鸭要长。当前要注重推广颗粒饲料应用、规模化生产和种草养鹅模式等技术。二是推广鹅的人工授精技术，精

选种公鹅，调控光照时间，改善种鹅饲养管理条件，采用先进孵化技术等，提高鹅的繁殖能力。三是消灭或基本消灭鹅的主要传染病，实现养鹅业的安全生产。要实现健康化，必须完善和健全防疫灭病体系，落实综合防治措施，降低成本，提高免疫效果。

三、鹅业产业化

实践证明，发展实行鹅业产业化，有利于引导千家万户分散的小生产进入社会化大市场，增强其市场竞争和抵御风险的能力，实现鹅产品多层次转化增值，提高养鹅的综合效益。今后的鹅业发展必须按照市场畜牧业的要求，坚定不移地走产业化之路。培植专业大户，发展规模化养鹅生产；抓好农民经纪人和农产品市场体系建设，促进产品流通；抓好龙头企业建设，开发系列化鹅产品，促进深加工增值。

四、生产全年化

传统鹅业由于受种鹅产蛋、孵化和饲草的季节性限制，主要集中在春季孵化，夏秋上市。随着生活水平的提高，人们提出了常年食鹅的消费需求，同时现代饲养技术也解决了饲养冬鹅所遇到的有关难题。因此今后要推行苗鹅春秋两炕、发展肉鹅的常年饲养，实现菜鹅的均衡上市，拓展鹅产品消费市场，促进养鹅业发展。

第二章　鹅的主要品种

第一节　国内主要地方优良品种

一、小型鹅种

1. 太湖鹅

太湖鹅是世界著名的小型高产品种，于 2006 年 6 月被列为国家级畜禽遗传资源保护品种。2009 年 6 月又一次被列为江苏省省级畜禽遗传资源保护名录。品种标准号：NY 812—2004。

(1)产地与分布：原产于江苏、浙江两省沿太湖地区，主要分布于江苏、浙江、上海，现已推广到全国许多省份，如东北、华中、华南等地区均有分布。

(2)品种特征：体型小而紧凑。全身羽毛洁白，偶在眼梢、头颈、腰背部有少量灰褐色斑点。喙和肉瘤为橘黄色，胫和蹼为橘红色，眼睛淡黄色。头颈细长，呈弓形，无烟袋，无腹褶。成年公鹅体重 4.0～4.5 千克，母鹅 3.0～4.0 千克。太湖种鹅的选留方式不同于其他鹅种，种鹅一般只用一个产蛋期就淘汰，再从当年鹅中选留种鹅，此传统留种方式形成了太湖鹅体型较小、产蛋多、就巢性弱的特点。

(3)生产性能：在放牧条件下，辅饲粗粮，70 日龄上市体重可达 2.2～2.5 千克，若采取舍饲以饲喂为主则体重可达 3 千克以上。平均每只母鹅年产蛋量 60～70 枚，高产母鹅产蛋多达 123 枚。平均蛋重 135 克。蛋壳呈乳白色，且色泽比较一致，蛋形指数为1.41。产蛋季节性比较强，一般从当年9月产蛋到次年6月停产、淘汰。公母鹅比例为1∶(6～7)，种蛋受精率90%以上，受精蛋孵化率85%以上。母鹅约160日龄开产，每只母鹅可年提供45只仔鹅。每只鹅可产羽绒200～250克。

2.乌鬃鹅

乌鬃鹅于2006年6月被列为国家级畜禽遗传资源保护品种。

(1)产地与分布：原产于广东省清远市，主产区位于清远市北江两岸、江口、源潭等地，并辐射花都、英德、佛冈及广东省北部地区。

(2)品种特征：颈背部有一条由大渐小的深褐色鬃状羽毛带，体躯宽短，背平。公鹅体型大，呈橄核形，母鹅呈楔形，脚矮小。成年鹅颈部两侧为白色羽毛，翼羽、肩羽、背羽为乌鬃色，并在羽毛末端呈棕褐色，胸羽灰白色，腹尾羽绒白色，尾羽灰黑色。成年公鹅体重3.0～3.5千克，母鹅2.5～3.0千克。

(3)生产性能：放牧条件下56日龄可达2.5～3.0千克，舍饲条件下56日龄可达3.0～3.5千克。平均年产蛋30枚，平均蛋重145克，蛋壳白色。母鹅在120～140日龄开始产蛋。一年就巢4～5次。公、母配种比例为1∶(8～10)。种蛋受精率平均为88%，受精蛋孵化率平均为92%。

3.阳江鹅

(1)产地与分布：原产于广东省阳江市，主产区在阳江市和广东中西部地区。

(2)品种特征：阳江鹅主要特征是颈背部有一条宽1.5～2厘米的棕色带，故又称此鹅叫“黄鬃鹅”或“黄棕鹅”。喙、肉瘤为黑色。蹠和蹼有黑色和橘红色两种类型。公鹅颈粗壮，躯干呈船底形状，母鹅头小颈长，躯干呈瓦筒形状。成年公鹅体重4.0千克左右，母鹅体重3.5千克左右。

(3)生产性能：

①产肉性能：在放牧饲养条件下，70日龄体重可达3.0～3.5

千克。在舍饲饲养条件下，70 日龄体重可达 4.0～4.5 千克。半净膛屠宰率在 84%左右，全净膛屠宰率达 74%。

②产蛋性能：年平均产蛋量 30～35 枚，平均蛋重 141.4 克。蛋壳白色，个别是呈淡青色。

③繁殖性能：性成熟较早，母鹅在 150～160 日龄开产。就巢性强，一年就巢 4 次。公、母配种比例为 1∶(6～7)。种蛋受精率为 85%，受精蛋孵化率为 90%。

4. 酃县白鹅

酃县白鹅于 2006 年 6 月被列为国家级畜禽遗传资源保护品种。

(1)产地与分布：原产于湖南省酃县，该县于 1994 年更名为炎陵县。酃县白鹅保护区为炎陵县十都乡和沔渡乡。周围各县及江西省莲花、宁冈等县均有分布。

(2)品种特征：全身羽毛白色，喙、蹼和肉瘤橘红色，虹彩蓝灰色。体型较小，颈中等长，后躯较发达。母鹅腹部下垂，有腹褶。成年公鹅体重 4～5.3 千克，成年母鹅 3.8～5 千克。

(3)生产性能：生长速度快，早熟易肥。60 日龄体重 2.2～3.3 千克，90 日龄体重 3.2～4.1 千克。开产期 5～7 月龄，年产蛋量 30～40 枚。蛋壳白色。平均蛋重，第 1 年 100～130 克，第 2 年 130～150 克。公、母配比 1∶(3～4)，种蛋受精率在 95%以上。就巢性较强，一年就巢 4 次左右。

5. 长乐鹅

(1)产地与分布：原产于福建省长乐市，现分布在福州、福清、闽清、闽侯等地。

(2)品种特征：公鹅肉瘤较大，呈棱脊形，胸部宽深。母鹅肉瘤小而扁平。羽毛多为灰褐色，纯白色占 5%左右。灰褐色的成年鹅，从头部至颈部的背面，有一条深褐色的羽带。颈部内侧至胸、腹部呈灰白色或白色。肉瘤呈黑色或黄色带黑斑，胫、蹼呈橘黄色。成年公鹅体重 4.5 千克左右,母鹅 4.0 千克左右。

(3)生产性能:60 日龄仔鹅体重 2.7～3.5 千克,70 日龄体重 3.1～3.6 千克。年平均产蛋量为 30～40 枚,平均蛋重 153 克,蛋壳白色。母鹅 210 日龄达到性成熟。一年就巢 3～4 次。公、母配种比例为 1∶6。种蛋受精率达 80%,受精蛋孵化率平均为 85%。

6.永康灰鹅

(1)产地与分布:原产于浙江省永康、武义等地,现在永康周围地区均有饲养。

(2)品种特征:公鹅肉瘤较大,前躯发达。母鹅肉瘤较小,后躯发达。羽毛颜色似“乌云盖雪”,上部颜色较下部深,颈部正中至背部主翼羽颜色灰黑色,颈部两侧和前胸部为灰白色,腹部为白色,尾部上部灰色、下部白色。皮肤淡黄色。喙、肉瘤均为黑色,胫、蹼为橘红色。成年公鹅体重 3.5～4.5 千克,母鹅 3.1～4.2 千克。

(3)生产性能:60 日龄肉用仔鹅体重 2.52 千克,全净膛屠宰率为 61.81%。年产蛋量 40～60 枚,平均蛋重 145.4 克,蛋壳白色。120～150 日龄开产。就巢性强,每年 3～4 次。产肥肝性能:经填饲产肥肝平均重为 487.26 克,最大可达 1 137 克。

7.豁眼鹅

豁眼鹅于 2006 年 6 月被列为国家级畜禽遗传资源保护品种。品种标准号:GB/T 21677—2008。

(1)产地与分布:原产于山东莱阳地区,又名五龙鹅、昌图鹅、疤拉眼鹅。目前以东北三省、山东为最多,亦分布至内蒙古、湖北、广西、安徽等地。

(2)品种特征:该鹅最显著的特征是眼呈三角形,眼睑前方尖而后方圆,前上方眼睑边缘有 0.4～0.5 厘米的豁口,因而称之为豁眼鹅。鹅体躯呈卵圆形,背部宽而平,胸腹丰满,腿脚粗壮。全身羽毛洁白,肉瘤橘黄色,喙、胫、蹼橘红色。成年公鹅体重3.72～4.58 千克,母鹅 3.12～3.82 千克。

(3)生产性能:90日龄仔鹅体重1.9～2.5千克。150日龄体重可达3.0～3.5千克。全净膛屠宰率为70.3%～72.6%。年平均产蛋100枚左右,平均蛋重120～130克,蛋壳白色。一般210～240日龄开始产蛋,无就巢性。公母鹅配种比例为1∶(6～7),受精率为85%左右,受精率孵化率为80%～85%。

8.籽鹅

(1)产地与分布:原产于黑龙江省绥化和松花江地区,以肇东、肇州、肇源等地为主产地,在黑龙江省各地、吉林省农安县等地均有饲养。

(2)品种特征:体型较小,近似长圆形。羽毛白色,头顶有缨,又称顶心毛。肉瘤较小。喙、胫、蹼呈橙黄色。成年公鹅体重4.0～4.5千克,母鹅3.0～3.5千克。

(3)生产性能:

①产肉性能:56日龄公鹅体重3.0千克,母鹅2.6千克。70日龄公鹅体重3.3千克,母鹅2.9千克。70日龄仔鹅半净膛屠宰率为78.02%～80.19%,全净膛屠宰率为69.47%～71.30%。

②产蛋性能:年产蛋量在100枚以上,因产蛋多,被称为籽鹅。平均蛋重131.1克,蛋壳白色。

③繁殖性能:180～210日龄开产。公母配种比例为1∶(5～7),种蛋受精率85%以上,受精蛋孵化率90%以上。

9.伊犁鹅

伊犁鹅于2006年6月被列为国家级畜禽遗传资源保护品种。

(1)产地与分布:主产区位于新疆维吾尔自治区伊犁哈萨克自治州各直属县、市,分布于该州西北部及博尔塔拉蒙古自治州一带,是我国唯一起源于灰雁的鹅种。

(2)品种特征:体型中等,颈部较短,无肉瘤突起,体躯呈椭圆形,胸部宽广丰满,腿部粗短。成年鹅喙呈象牙色,胫、蹼、趾肉红色,羽毛可分为灰、花、白三种颜色。成年公鹅体重4.2千克左右,母鹅 3.5 千克左右。

(3)生产性能：

①产蛋性能：每年 3～4 月份产蛋，通常第一个产蛋年产 7～8 枚，第二个产蛋年产 10～12 枚，第三个产蛋年产 15～16 枚，到第 6 年产蛋逐渐减少。平均蛋重 153.9 克，蛋壳乳白色。

②产肉性能：30 日龄公母鹅体重分别为 1.37 千克和 1.23 千克；60 日龄公母鹅体重分别为 3.03 千克和 2.77 千克；90 日龄公母鹅体重分别为 3.41 千克和 2.97 千克。240 日龄鹅半净膛屠宰率为 83.6%，全净膛屠宰率为 75.5%。

③繁殖性能：母鹅 270～300 日龄开产。公母配种比例 1∶(2～4)。种蛋受精率平均为 83.1%，受精蛋孵化率为 81.9%。有就巢性，每年在春季产蛋结束后就巢 1 次。

二、中型鹅种

1. 扬州鹅

(1)产地与分布：产于江苏省扬州市，主要分布于江苏、安徽等地区，现全国许多地区均引进饲养。该品种由扬州大学动物科技学院、扬州市农业局等单位联合培育而成，于 2006 年通过国家级品种审定。该鹅具有种鹅产蛋多，繁殖率高；仔鹅早期生产速度快，适应性强，肉质细嫩，肉味鲜美等优点。

(2)品种特征：体型中等，体躯方圆；头中等大小，高昂；前额有半球形肉瘤，呈橘黄色；颈匀称，粗细、长短适中；羽毛洁白，1%～3%的个体在眼梢或头顶或腰背部有灰褐色羽毛；喙、颈、蹼橘红色(略淡)；眼睑淡黄色，虹彩灰蓝色。公鹅雄壮，母鹅清秀。成年公鹅体重 5.7 千克左右，母鹅 4.3 千克左右。

(3)生产性能：

①产肉性能：初生重约 82 克，70 日龄仔鹅舍饲平均体重达 4 047 克，肉料比为 2.69∶1，成活率 96.5%；放牧加补饲平均体重

达 3 523 克，肉料比为 2.07∶1，成活率 93.3%。70 日龄仔鹅全净膛率公鹅为 68%，母鹅为 67.7%；半净膛率公鹅为 89.4%，母鹅为 85.9%。

②产蛋性能：蛋壳呈白色，平均蛋重 141 克。60 周龄入舍母鹅产蛋量为 58～62 枚(4 月留种，产蛋至次年 5 月)。68 周龄入舍母鹅产蛋量为 70～75 枚(1 月留种，产蛋至次年 5 月)。产蛋期成活率为 95.3%，蛋形指数为 1.47。

③繁殖性能：公母配种比例为 1∶(4～5)。种蛋受精率平均为 92.1%，出雏率为 87.2%。母鹅在 210～240 日龄开产，开产体重为 3.75～4.0 千克。

2. 洪泽湖鹅

(1)产地与分布：产于江苏省洪泽县，洪泽湖鹅俗称四季鹅，系 20 世纪 80 年代初引入浙东白鹅、皖西白鹅、雁鹅后，经过 20 多年的自然繁育、自然驯化和人工选择形成的具有地方特点的优良中型鹅种，于 2004 年通过省级品种审定。该鹅特点是耐粗饲，适应性强，繁殖率高，生长快，肉质好。洪泽湖鹅中心产地为洪泽县，沿洪泽湖周边的楚州、金湖、盱眙、泗阳、宝应等市县均有分布，近年来，黑龙江、吉林、辽宁、浙江、安徽等省也有引进饲养。

(2)品种特征：在洪泽县水草资源丰富和良好的自然环境下，洪泽湖鹅与其他中型鹅品种相比，体型较大，体躯呈长方形。全身羽毛洁白，因导入雁鹅基因，灰褐斑羽毛处在 5%左右。额上方肉瘤高突，呈半球形，随年龄增长突起明显。无咽袋。喙、胫、蹼颜色：雏时橘黄色，成年后变为橘红色，爪为玉白色。肉瘤颜色较喙略浅，眼睑金黄色，虹彩蓝灰色。成年公鹅昂首挺胸，肉瘤高突，好斗；成年母鹅腹下垂，肉瘤较低，性情温顺。

(3)生产性能：

①产肉性能：根据 2000 年在洪泽县范围内随机抽样调查测定，在目前农户以放牧为主的条件下，洪泽湖鹅一般 70 日龄左右

上市，平均体重 4.25 千克左右。据对 20 只肉鹅测定，半净堂屠宰率 88%，全净堂屠宰率 75.8%，腿肌重 473.8 克，胸肌重 277 克，胸腿肌占全净堂的 39%。

②产蛋性能：成年母鹅一般每年有 4 个产蛋期，即一个月产蛋，一个月抱窝，一个月休产，每期产蛋 10～12 枚，年产蛋量 43 枚左右。平均蛋重 159.93 克，蛋壳白色。2%～3%的无就巢性母鹅年产蛋量达 60～80 枚。

③繁殖性能：母鹅一般在 150～160 日龄开产，公鹅 4 个月左右性成熟。母鹅一个繁殖期约 70 天。饲养条件好的高产母鹅，一个繁殖期约 60 天。种蛋受精率 85%左右，人工辅助交配的受精率达 95%以上。公鹅可以利用 7 年，以 2～5 年最佳；母鹅利用时间为 9 年，以 3～5 年最好。农民历来用母鹅自然孵化，每窝抱孵 12～14 枚种蛋，孵化率 90%左右。

④产羽绒性能：洪泽湖鹅产羽绒平均为(275±29.8)克。

3. 浙东白鹅

(1)产地与分布：原产于浙江省东部的奉化、定海、象山等地，分布于浙江省东部沿海及杭州湾南部地区，如鄞县、余姚、上虞、嵊州、新昌、绍兴等地。

(2)品种特征：体型中等，肉瘤高突，颈细长，体躯呈长方形。全身白色羽毛，少数个体的头、背部夹杂少量斑点状灰褐色羽毛。喙、胫、蹼和肉瘤呈橘红色、爪为白玉色。成年公鹅体重 5.0 千克左右。母鹅 4.0 千克左右。

(3)生产性能：30 日龄平均体重 1.32 千克，70 日龄平均体重 3.7 千克。70 日龄仔鹅全净膛屠宰率为 72%。每年有 4 个产蛋期，年产蛋量约 40 枚，平均蛋重为 149.1 克，蛋壳呈白色。母鹅约在 150 日龄开产。公母配种比例为 1∶10。种蛋受精率 90%以上，受精蛋孵化率 90%左右。每年就巢 3～5 次。

4. 皖西白鹅

皖西白鹅于 2006 年 6 月被列为国家级畜禽遗传资源保护品种。

(1)产地与分布:原产于安徽省西部丘陵山区和与河南省接壤地带。主要分布于皖西的六安、寿县、霍丘、肥西等县及河南省固始县等地。

(2)品种特征:体型中等,颈部细长呈弓形,胸深背宽。肉瘤呈橘黄色,圆而光滑。喙橘黄色,胫、蹼橘红色。少数个体头顶有球形羽束,俗称顶心毛。成年公鹅体重 6.0～6.3 千克,母鹅 5.5～6.0 千克。

(3)生产性能:在放牧条件下,60 日龄仔鹅体重达 3.0～3.5 千克,90 日龄体重达 4.5 千克。8 月龄屠宰全净膛率为 72.8%。产蛋期多集中 1 月份和 4 月份,年产蛋量约 25 枚,平均蛋重 142 克。蛋壳为白色。母鹅约 160 日龄开产。公母鹅配种比例为 1∶(4～5)。种蛋受精率平均为 88.7%,受精蛋孵化率约为 91.1%。每年就巢 2 次。

5. 雁鹅

雁鹅于 2006 年 6 月被列为国家级畜禽遗传资源保护品种。

(1)产地与分布:原产于安徽省六安地区,分布于安徽省的霍丘、寿县、舒城、宣城、郎溪、广德和河南省的固始、江苏西南的丘陵地区。

(2)品种特征:体型中等,头部圆形略方,肉瘤黑色,质地柔软,呈桃形或半球形向上方突出。成年鹅羽毛呈灰褐色或深褐色,颈的背侧有一条明显的灰褐色羽带,体躯的羽毛从前向后由深变浅,至腹部变成灰白色或白色,喙、爪为黑色,胫、蹼为橘黄色。成年公鹅体重约 5.5～6.0 千克,母鹅 4.5～5.0 千克。

(3)生产性能: 60 日龄仔鹅体重 2.2～2.4 千克,90 日龄体重 3.5～4.0 千克。120 日龄体重 4.0～4.5 千克。全净膛屠宰率为

65%～73%。年产蛋量25～35枚，平均蛋重150克，蛋壳呈白色。产蛋习性是母鹅产蛋一个月，休产就巢孵种蛋一个月，接着复壮一个月，一个季节一个循环，所以在江苏省镇江句容、南京、扬州等丘陵地区的群众特别喜爱饲养此鹅，并称之为“四季鹅”。母鹅240～270日龄开产。公母配种比例为1∶5。种蛋受精率85%以上，受精蛋孵化率为70%～80%。每年就巢2～3次。

6.四川白鹅

四川白鹅于2006年6月被列为国家级畜禽遗传资源保护品种。

(1)产地与分布：主产于四川省温江、乐山、宜宾、永川和达县等地，分布于长宁、江安、兴文等平坝和丘陵水稻生产地区。

(2)品种特征：体型中等，鹅头颈较粗，额部有一呈半圆形的橘黄色肉瘤。母鹅头清秀，颈细长，肉瘤不明显。羽毛洁白，喙橘黄色，胫、蹼橘红色。成年公鹅体重4.5～5.0千克，母鹅4.3～4.9千克。

(3)生产性能：60日龄仔鹅体重约2.5千克，90日龄体重3.5千克。主产区习惯90日龄仔鹅上市，制成畅销的“烫皮仔鹅”。6月龄公鹅全净膛屠宰率为79.3%，母鹅为73.1%。年产蛋量60～80枚，平均蛋重146.28克，蛋壳为白色。母鹅于210～240日龄开产。公母鹅配种比例为1∶(3～4)，种蛋受精率平均为85%，受精蛋孵化率平均为90%。母鹅无就巢性。

7.溆浦鹅

(1)产地与分布：原产于湖南省溆浦县溆水流域，分布于溆浦、怀化地区及隆回、洞口、新化、安化等地。

(2)品种特征：体型较大，呈长圆柱形。羽毛分灰、白两色，白羽个体比例平均占57.5%，灰羽占34.3%。群体中约有20%个体有顶心毛。灰鹅的颈、背、尾部羽毛为灰褐色，腹部白色，喙、肉瘤为黑色，胫、蹼为橘红色。白鹅全身羽毛白色，喙、肉瘤、胫、蹼为橘黄色。成年公鹅体重 6.0～6.5 千克，母鹅 5.3～6.0 千克。

(3)生产性能：

①产肉性能：60 日龄仔鹅体重 3.0～3.5 千克，90 日龄平均体重 4.4 千克。180 日龄公鹅体重 5.89 克，半净膛、全净膛屠宰率分别是 88.6%和 80.7%；母鹅体重 5.33 千克，半净膛、全净膛屠宰率分别为 87.3%和 79.9%。

②产蛋性能：年产蛋 2～3 期，主要集中在秋末和初春，年产蛋量 30 枚左右，平均蛋重 212.5 克，蛋壳以白色为主，少数呈淡青色。

③繁殖性能：母鹅一般在 210 日龄左右开产。公母配种比例 1：(3～5)。种蛋受精率 97.4%，受精蛋孵化率为 93.5%。就巢性较强，每年就巢 2～3 次。

8. 马岗鹅

马岗鹅于 2006 年 6 月被列为国家级畜禽遗传资源保护品种。

(1)产地与分布：产于广东省开平市马岗镇，分布于肇庆、佛山等地区。

(2)品种特征：显著特征为乌头、乌喙、乌脚，头部、背部、翼部和尾部羽毛呈灰黑色，胸羽灰棕色，腹羽白色。公鹅体型较大，头大、颈粗、胸宽、背阔；母鹅体躯如瓦筒形。成年公鹅平均体重 5.45 千克，母鹅 4.75 千克。

(3)生产性能：

①产肉性能：在放牧条件下，70 日龄体重为 3.4 ～ 4 千克。在舍饲条件下，70 日龄体重可达 5 千克。半净膛屠宰率为 85%～88%，全净膛屠宰率为 73%～76%。

②产蛋性能：年产蛋 35～40 枚，平均蛋重 168.5 克，蛋壳白色。

③繁殖性能：母鹅于 140～150 日龄开产，公母配种比例 1：(5～7)。种蛋受精率 85%，受精蛋孵化率约 90%。就巢性较强，

每年就巢 4～5 次。

9. 兴国灰鹅

兴国灰鹅于 2006 年 6 月被列为国家级畜禽遗传资源保护品种。

(1)产地与分布：主要产于江西省兴国县古龙冈镇、均村乡、兴江乡等地，养殖始于晋朝。

(2)品种特征：喙青色，头、颈、背部羽毛呈灰色，胸、腹部羽毛为灰白色。胫脚黄色，皮肤肉黄色。公鹅性成熟后额前有一肉瘤突起。初生重 93 克左右，成年活重公鹅为 6.8 千克，母鹅为 4.5 千克。

(3)生产性能：半净膛屠宰率为 80%～82%；全净膛屠宰率为 68%～70%。开产日龄 180～210 天，年产蛋 30～40 枚，平均蛋重为 149 克，蛋壳白色。公母配种比例 1∶(5～6)，种蛋受精率为 80%左右。

三、大型鹅种——狮头鹅

狮头鹅于 2006 年 6 月被列为国家级畜禽遗传资源保护品种。

(1)产地与分布：原产于广东省饶平县，主产区为广东省澄海市、汕头市和潮安县等地，现已有上海、黑龙江、北京、云南等二十多个省(市、区)引种饲养。

(2)品种特征：该鹅显著特征是颌下咽袋发达一直延伸到颈部，肉瘤特征明显，头部犹如“狮形头”，故称之为“狮头鹅”。该鹅是我国唯一、亚洲唯一的大型鹅种，也是世界三大重型鹅种之一。体型硕大，呈方形。全身背面羽毛、前胸羽毛及翼羽均为棕褐色，由头顶到颈部的背面形成如鬃状的深褐色羽毛带，全身腹面的羽毛白色或灰白色。褐色羽毛的边缘色较浅，呈镶边羽。胫、蹼为橙红色，有黑斑。成年公鹅体重 10～12 千克，母鹅 9～10 千克。

(3)生产性能：30 日龄公鹅体重 1.7 千克，母鹅 1.6 千克。

70～90 日龄公鹅平均体重为 6.18 千克，全净膛屠宰率为 71.9%；母鹅平均体重为 5.5 千克，全净膛屠宰率为 72.4%。产蛋季节集中在每年 9 月至次年的 4 月。全年产蛋量 25～30 枚，第一个产蛋年平均蛋重 176.2 克，2 岁以上母鹅平均蛋重 217.2 克。母鹅于 160～180 日龄开产。公母配种比例为 1∶(5～6)。种蛋受精率 70%～80%。受精蛋孵化率为 85%～90%。母鹅每年就巢 3～4 次。

第二节 引进的国外鹅种

一、朗德鹅(Landaise)

(1)产地与分布：原产于法国西南部的朗德省，是当今世界上最适合用于生产鹅肥肝的品种，同时作为父本与当地鹅杂交提高后代生长速度亦很显著。吉林、河北、浙江、江苏、四川等省均引进过朗德鹅。

(2)品种特征：体型中等偏大。羽毛以灰褐色为主，也有灰白色及少数白色。灰褐色的个体，在颈、背部接近黑色，胸部为银灰色，腹下部则为白色。颈羽卷曲，喙为橘黄色，无肉瘤，胫、蹼为肉色。成年公鹅体重 7～8 千克，母鹅 6～7 千克。

(3)生产性能：

①产肉、产肥肝性能：56 日龄仔鹅活重达 4.5 千克左右。70 日龄仔鹅活重达 4.595 千克。经填肥后，活重可达 10～11 千克，肥肝重量达 700～800 克。

②产蛋性能：一般于 2～6 月份产蛋，年产蛋量 35～40 枚，经选育可达到 50～60 枚，蛋重 180～200 克。

③繁殖性能：180 日龄性成熟，公母配种比例为 1∶3。种蛋受精率约为 65%，受精蛋孵化率为 81.5%。就巢性弱。

二、莱茵鹅(Rhin)

(1)产地与分布：原产于德国莱茵州，广泛分布于欧洲各国。吉林、四川、江苏等省引进饲养。

(2)品种特征：在欧洲以其产蛋量高，繁殖力强而著称。体型中等偏小，无肉瘤，颈粗短。雏鹅羽毛为灰褐色，2 周龄肩部羽绒逐渐变白，4 周龄背部羽绒变白，6 周龄时全身羽毛变成白色。喙、胫、蹼呈橘黄色。成年公鹅体重 5～6 千克，母鹅 4.5～5 千克。

(3)生产性能：

①产肉和产肥肝性能：56 日龄仔鹅体重达 4.2～4.3 千克。产肥肝性能中等，经填肥，所产肥肝重量 300 克左右。

②产蛋性能：正常产蛋期在 1～6 月末，年产蛋量 50～60 枚，蛋重 150～190 克。

③繁殖性能：210～240 日龄开产。公母配种比例为 1∶(3～4)，莱茵鹅能在陆上配种，也能在水中配种。种蛋受精率平均为 74.9%，受精蛋孵化率为 80%～85%。

第三章　鹅的繁育技术

第一节　种鹅的选择

选择优良种鹅是保证养鹅生产高产、高效、优质的重要措施。选择的种鹅要适应本地的气候、环境条件、饲草饲料状况和养殖、消费习惯，种鹅选择可先小群饲养，积累经验后再大群饲养。种鹅的选择可从以下几个阶段进行。

一、雏鹅的选择

雏鹅要选择出雏的时间正常，喙、蹼、绒毛的颜色正常，初生体重、体型都符合本品种特征的健雏，选择的雏鹅要活泼灵敏、鸣叫清脆、行动稳健、腹部大小适中、脐部洁净、蛋黄吸收良好。宜选择健康母鹅于第 2～4 年所产种蛋孵化出壳的强雏。

公鹅、母鹅不要选择同一批出壳的雏鹅。母鹅选 3 月份出壳的，公鹅宜选择 5、6 月份出壳的雏鹅。

二、后备种鹅的选择

后备种鹅选择一般在 70 日龄左右进行。要选择生长发育优良、符合本品种特征、体重一致的个体留种。后备种公鹅要选择体质结实、胸深而宽、背宽又长、腹部平整、腿粗壮有力、鸣声洪亮的个体。后备种母鹅要选择颈部细长、两眼有神、体型长圆、前躯浅而窄、后躯宽而深、臀部宽广的个体。

三、成年种鹅的选择

1. 根据外貌和生理特征选择

成年种鹅要选择在毛色、喙、胫颜色及体型、肉瘤都符合本品种特征的个体。种公鹅要头大颈粗、眼大有神、肉瘤显凸、鸣声洪亮、胸深背宽、体大脚粗、行走稳健。种母鹅要头部清秀、颈细而长、腹部圆大、羽毛紧密、后躯宽深，脚短匀称、尾短上翘。

2. 根据性器官发育情况进行选择

此法主要用于选择种公鹅，对阴茎发育不全或发育不良，以及精液活力差的公鹅予以淘汰。

3. 根据生产记录资料进行选择

根据生产记录资料进行选择优良种鹅，可以避免外貌选择所带来的偏差，对记录资料进行科学统计分析，再结合外貌才能作出准确、科学的选择。

对生产成绩进行记录的内容主要有：初生重、四周龄重、八周龄重、育成期末重、开产时体重、开产日龄、饲料消耗量、蛋重、产蛋量、蛋形指数、种蛋的受精率和孵化率等。

在对生产记录统计分析的基础上，可进行下列选择：

（1）根据系谱资料进行选择。因为亲代的表型在遗传上具有一定的相似性，根据双亲及祖代的生产成绩记录进行选择，血缘关系愈近影响愈大。

（2）根据自身生产实绩进行选择。此法是选择优良种鹅非常重要的依据。但要注意的是，只有应用遗传力高的性状进行选择，才能达到显著的选择效果，若应用遗传力低的性状进行选择，那效果将很差。

（3）根据同胞生产成绩进行选择。同父母、同父异母、同母异父的兄弟姐妹之间有共同的祖先，在遗传上具有一定的相似性，特别在选择种公鹅的产蛋性能时，可作为选择的主要依据之一。

(4)根据后裔的生产成绩进行选择。根据系谱、自身、同胞的生产成绩统计分析,可较准确地选出优良种鹅,但判断它能否真正遗传给后代,还须进行后裔成绩测定。

只有将上述四种生产性能统计分析方法结合起来选择,才能选育出生产和遗传性能优秀的种鹅。

第二节 繁殖技术

一、适配年龄与配种比例

我国鹅种性成熟比国外品种早一些,公鹅5～6月龄,母鹅7～8月龄达到性成熟。在生产实践中,为充分提高受精率和生产性能,一般安排种公鹅的适配年龄为10～12月龄,母鹅的适配年龄为8～10月龄。

鹅的公母配种比例,大型鹅种一般为1∶(4～5),中型鹅种一般为1∶(5～6),小型鹅种一般1∶(6～7)。采用人工授精,公母比可扩大为1∶(15～20)。在实践中,可根据受精率的成绩、季节和饲养管理条件调整配种比例。

二、利用年限和种群结构

鹅的性成熟期较晚,产蛋量随着年龄的增长而逐年增加,第二年比第一年增加产蛋15%～20%,第三年又比第二年增加15%～20%,从第四年之后产蛋能力才开始下降,因此鹅相对来说比其他禽类利用年限长。一般母鹅利用3～4年,种公鹅利用年限为3～5年。

为提高种鹅使用年限,提高生产效率和经济效益,鹅群要保持适当的年龄结构,较理想的种群结构为1周岁的母鹅占30%,2周岁的占35%,3周岁的占25%,4周岁的占10%。

三、繁殖方法

1.纯种繁殖

纯种繁殖是通过本品种公母鹅的合理配对，使之产生优良的后代，将优良性状的基因遗传给后代，包含选种、选配工作。只有通过正确的选种，选择优秀个体留作种用，淘汰劣质个体，才能进行合理选配。只有经过选配，才能验证选种是否正确。加强选种和选配工作，不断提高本品种质量，防止退化。

(1)同质选配：把本品种中生产性能或性状特点相似、育种值相近的公母鹅配对组合，使后代性能或性状更趋于一致的选配方法。作用是使亲本的优良性状稳定地遗传后代，不良结果是群体内的变异性相对减少，有时生活力和适应性也可能下降等。

(2)异质选配：把本品种中生产性能或性状特点差异较大的公母鹅配对组合，增加后代的杂合性，降低亲代和子代的相似性的选配方法。在生产实践中，同质选配和异质选配可交替使用，对不断提高和巩固整个鹅种群体品质具有重要的作用。

(3)随机交配：本办法是为了保持群体遗传结构不发生改变，而采用随机组合，进行自由交配。

2.杂交繁殖

杂交繁殖是开展不同类型的品种间的组合配对，使后代表现出生长发育快、生产性能高、饲料报酬高的杂交优势。

(1)用于商品生产的杂交繁育：

①二元杂交：两个种群间的简单杂交，产生的杂交一代不作种用，全部供商品利用。

②三元杂交：指用两个种群的杂交一代母本与第三个种群的父本杂交，产生的三品种杂种全部作经济利用。

③四系配套杂交：指四个种群分成两组，先各自杂交，再将两组的杂种进行二次杂交，产生的四品种杂交后代全部作经济利用。

从遗传学的角度来看，参与商品代鹅制种的杂交的品系越多，后代的遗传基础越广泛，生产的商品鹅杂交优势就越显著。但参与配套的品系越多，则品系培育、纯繁保种和杂交制种的成本就越大。目前在商品鹅生产实践上，多采用二元杂交或三元杂交组合，人力、财力投资适中，经济效益比较理想。

（2）用于培育品种的杂交繁育：

①级进杂交：指用高产的优良品种公鹅与低产品种母鹅杂交，所得的杂种后代母鹅再与高产的优良品种公鹅杂交。通过3～4代杂交繁育获得较高的性能，再进行自群繁殖。通过此法可以有效地改造低产鹅种。应用此法，要根据提高生产性能或改变生产性能方面选择合适的改良品种，对引进的改良公鹅须进行严格的遗传测定，而且杂交的代数不宜过多，防止因外来血统比例过大，造成杂种对当地的适应性下降。

②导入杂交：指在原有种群的局部范围内引入不高于25%的外来品种血液。方法是用导入品种的公鹅与原来品种的母鹅杂交一次，再从杂交一代中选择理想的个体与原来品种回交，产生含25%导入品种血液的杂种，然后进行自群繁育。当原有种群生产性能基本上符合需要，局部缺点在纯繁后不易克服，此时可选择导入杂交。应用此法，对导入种群的种公鹅要严格选择。

③育成杂交：指用两个或两个以上的种群相互杂交，在杂种后代中选优固定，育成具有几个种群优点的新品种。育成杂交分为三个阶段：第一阶段是杂交创造理想类型阶段，进行多种形式杂交，直到杂种中理想类型个体达到15%以上，方可结束。第二阶段为横交固定阶段，选择相同类型的优秀公、母鹅组成杂种自群繁育基础群，通过杂种间互相选配，使后代的优良性状固定下来，并能稳定地遗传下去。第三阶段为扩群提高阶段。通过大量繁殖，严格挑选提高质量，扩大数量就成一个新品种。再经畜牧行政主管部门组织有关专家鉴定验收，合格后就可正式申报而成为一个新的鹅种。

第三节 配种技术

一、自然交配

自然交配是让公、母鹅按一定的配种比例组合,提供适宜的配种环境而进行自行交配繁殖后代的一种配种方法。自然交配可分为大群配种、小群配种和人工辅助配种。

(1)大群配种:将经过选择的公、母鹅按一定配种比例合群饲养,让其自然交配。此法优点是配种机会均等,受精率较高,缺点是公鹅血统不清,所以仅适用于繁殖场。因鹅为水禽,有在水中交配的习性,且水中的交配受精率比陆地上高,所以大群配种时要充分利用水源流动的池塘、河湖等地。另外对种公鹅要观察其配种能力,对个别称雄霸占较多母鹅,以及年龄较大体质较差的公鹅没有竞配能力都要及时淘汰。

(2)小群配种:种鹅场多采用此法进行育种。做法是只用一只公鹅和几只母鹅组成一个配种小群,采用单独饲养,有的还将公鹅和母鹅编上腿号,这样种蛋的双亲系谱清楚,便于开展选种育种工作。

(3)人工辅助配种:即人工帮助种鹅进行交配的过程。主要针对公鹅体型大母鹅体型小,自然交配有困难,或没有水源供公母鹅交配的情况下采用此法,以提高受精率。操作方法是:先将公母鹅接触一段时间,彼此熟悉,产生交配的条件反射,操作人员捉住母鹅的两腿和两翅膀,轻轻摇动尾部引诱公鹅接近。当公鹅踏上母鹅背时,一手托住母鹅,另一只手把母鹅尾羽向上提,配合公鹅阴茎顺利插入母鹅阴道完成配种过程。待公鹅离开后,操作人员应迅速将母鹅尾部上提,并轻轻压一下,目的是促进精液往阴道里流。为提高配种效果,相隔5～6天后再进行一次人工辅助配种。

自然交配高峰多出现在清晨与下午 4～7 点时段，因此种鹅饲养环境要保持安静，杜绝生人惊扰。

二、人工授精

1. 人工授精的好处

鹅人工授精技术的研究于 20 世纪 70 年代末开始，是通过器械采取种公鹅的精液，再用器械把稀释的精液注入母鹅生殖道内，以代替公母鹅自然交配的一种配种技术。目前虽养鹅较粗放分散，规模很小，但随着鹅产品消费市场的扩大，规模化养鹅必将得到很大的发展，人工授精技术也必将广泛应用。推广人工授精技术具有以下几点好处：

(1)减少种公鹅的饲养量，节约养殖成本：自然交配公母比为 1∶(4～5)，而采取人工授精公母比可达 1∶(15～20)。

(2)充分发挥优良种公鹅的遗传性能：能够延长优良种公鹅的使用年限，充分发挥利用优良种公鹅的遗传性能。

(3)能提高种蛋的受精率和孵化率：经试验，采取人工授精比自然交配种蛋的受精率提高 10%以上。

(4)克服交配困难：克服开展杂交改良时公、母鹅体型大小过于悬殊，避免不同品种间的不合群性和配偶选择性所造成的交配困难。

(5)降低疾病传播的几率：可以减少交配时通过性器官传播疫病的机会。

2. 采精前的准备工作及采精时的注意事项

(1)种公鹅的调教与选择：开展人工授精，首先要调教种公鹅建立采精的条件反射，即建立性反射，一般要进行 5～10 天的按摩训练才能建立。经按摩调教后，要对种公鹅进行选择，要选择成熟健康且性反射快的公鹅留作种用，淘汰那些不能形成性反射的，或采精量过少甚至不能排精的，或阴茎发育不良的劣质公鹅。

(2)给予种公鹅优质饲料和充足的光照:注重配以全价营养饲料,特别是蛋白质、维生素、矿物质等营养的均衡供应。对种公鹅要补足光照,一般保持每天14小时的光照时间。

(3)采精前隔离饲养:采精前一个月要将种公鹅隔离饲养,据试验若单个笼养种公鹅,不仅容易调教,而且精液品质更好。采精前4小时要停止饲喂饲料和水,也不要将种公鹅放水活动。

(4)采精器械要消毒、烘干备用:主要器械有集精杯,贮存精液用的5～10毫升的刻度吸管,输精用的0.05～0.5毫升的刻度吸管。天气寒冷时,应在集精杯的夹层内加入40℃左右的温水。

(5)采精前要将种公鹅泄殖腔周围的羽毛剪去,并进行消毒:采精时要特别避免粪便污染精液。

(6)采精要选择安静的场所,最好在相对固定的清洁室内进行,以建立和维持公鹅的条件反射:抓鹅动作要轻,不能粗暴,防止损伤公鹅的生殖器官。采集的精液要及时稀释贮存。不能曝于强烈光照下。

(7)采精的次数:原则上可连续采精3天,每天1次,然后休息1天。如果采精时发现有血迹,要隔离护理饲养种公鹅,并在3～4天内停止采精。

3. 采精的方法

(1)背腹式按摩采精法:采精人员坐在矮凳上,把种公鹅放置膝盖上,使鹅头处于采精员的左臂下。助手坐在采精员的右侧,帮助保定鹅的两腿。采精员的左手掌心向下放在鹅的背部,从翅膀基部向尾部方向进行按摩,同时用右手大拇指、食指从下面握住鹅的泄殖腔环,进行按摩揉捏,一般8～10秒钟时间。左手在鹅的背部按摩,并挤压尾部,同时右手有节奏地配合左手挤压泄殖腔环,诱导公鹅阴茎勃起。当阴茎充分勃起时,采精员用左手大拇指和食指在泄殖腔上部轻轻挤压,阴茎就会勃起伸出,射精沟完全闭锁,精液会沿着射精沟流从阴茎顶端快速射出,用集精杯收集精液。采用此法,要选择那些性反应强烈的公鹅采精。采精时按摩用力要适当,动作过重易造成生殖器官出血,并污染精液。熟练的采精员可一人独自操作。

(2)采精架诱情采精法:制作一台离地10～15厘米的形状类似鹅状的简易采精架,将母鹅放置于采精架上,训练种公鹅爬跨,经过若干次调教后,公鹅见到采精架便会产生性反射。当阴茎伸出时,采精员迅速将阴茎导入集精杯获取精液。若种公鹅爬跨采精架后不射精,采精员可迅速按摩泄殖腔,刺激性欲诱导射精而取得精液。

4.精液品质检查

(1)检查颜色:正常无污染的精液呈乳白色,为不透明的液体。若精液被污染,则会出现异常颜色。精液呈黄褐色,可能是粪便污染所致;呈白色絮状,可能混入尿酸盐;呈粉红色,则可能因生殖器官出血所致。出现异常颜色的精液,均不能使用。

(2)检查采精量:国内种公鹅,一般每次采精量为0.3毫升左右,国外大型鹅种,有的采精量可达1.2毫升。公鹅的射精量,与鹅的年龄、采精季节、鹅品种及个体差异、采精员的熟练程度相关。

(3)检查精子活力:将精液置于37℃左右的恒温箱内或恒温板上,通过显微镜检查作直线运动的精子数所占的比例数。满分为10分,国内鹅种活力应在5分以上,引进国外鹅种应在4分以上。精子活力越强,受精率越高。

(4)检查精子密度:可通过红血球计数法进行测定。原则上每毫升精液中精子数达3亿个就算合格,低于3亿不宜使用。精子密度越大,受精率越高。

5.精液的稀释和保存

(1)精液稀释液的种类:常见的有

1%的生理盐水:氯化钠1克,蒸馏水100毫升。

葡萄糖液:葡萄糖5克,蒸馏水100毫升。

葡萄糖卵黄液：葡萄糖4克，卵黄1.5毫升，蒸馏水100毫升。

Lake液：果糖1.00克，谷氨酸钠（H_2O）1.92克，氯化镁（$6H_2O$）0.068克，醋酸钠（$3H_2O$）0.875克，柠檬酸钾0.128克，蒸馏水100毫升。

（2）稀释液的配制：根据配方，将药品溶于100毫升的蒸馏水中，过滤，煮沸清毒30分钟。冷却后添加青霉素5万单位或链霉素5毫克。注意卵黄应在冷却后加入。

（3）稀释的倍数：以1∶（1～2）为宜。

（4）精液的保存：常规做法是稀释后半小时内输精完毕，受精效果较好。若需低温保存可置于2～5℃下保存。

若需研究之用，可冷冻保存。将采得的精液以1∶3的比例稀释，放置5℃以下冷却2分钟，加入8%甘油或4%二甲基亚砜（DMSO），在5℃平衡10分钟，然后用固体二氧化碳（干冰）或液态氮气（液氮）进行安瓿制作保存。冷冻后置于－196℃的液氮罐中保存。

6. 输精方法

常用的是直接插入输精法。助手用两手抓住母鹅胸部，尾部向外，使母鹅伏卧在输精台上。输精员蹲在母鹅左后侧，面向母鹅尾部，用生理盐水擦拭肛门，然后左手将尾巴拨向一边，手指紧靠泄殖腔下缘，轻轻向下压迫，使泄殖腔翻开。同时右手将盛有精液的输精器插入泄殖腔后，向左下方缓缓推进5～7厘米的深度，使输精器自然插入阴道口内。此时，助手稍微放松对母鹅的压迫，使母鹅输卵管恢复正常位置，注意鹅体位置不能移动，输精员左手放松，稳住输精器，右手输入精液。片刻后，拔出输精器，在母鹅的背部按摩几下，输精过程即告结束。

给母鹅输精，间隔5～6天输精一次，每次选择下午4～6点较好，因为上午母鹅要产蛋。每只每次输入稀释的精液量为0.05～0.1毫升，若在鹅产蛋期开始的第一次输精则要加倍输精量。

第四节 生产性能测定方法

一、产肉性能指标

(1)生长速度:一般指到一定日龄的体重,我国常用以 70 日龄时的体重衡量产肉性能,另一个衡量指标是一段时间内的日增重。

(2)活重:指在屠宰前停饲 12 小时后的活体重量。

(3)屠体重:指宰杀放血、剔除羽毛后的重量(若用羽毛湿拔法需沥干)。

(4)半净膛重:指屠体去气管、食道(含食管膨大部)、肠、脾、胰和生殖器官,留心、肝(去胆)、肺、肾、肌胃(去内容物及角质膜)和腹脂(包括腹部板油和肌胃周围的脂肪)的重量。

(5)全净膛重:指半净膛去心、肝、胃(腺胃、肌胃)、腹脂后的重量,保留头、胫和脚的重量。

(6)胸肌重,腿肌重:除去皮,剥取胸部一侧肌肉和上下大腿肌肉重,各乘以 2 就可算出胸肌重和腿肌重。

(7)几项屠宰率的计算公式:

$$屠宰率=\frac{屠体重}{活重}\times 100\%$$

$$半净膛率=\frac{半净膛率}{活重}\times 100\%$$

$$全净膛率=\frac{全净膛重}{活重}\times 100\%$$

$$胸肌率=\frac{胸肌率}{全净膛重}\times 100\%$$

$$腿肌率=\frac{大小腿肌率}{全净膛重}\times 100\%$$

二、产蛋性能指标

(1)开产日龄：个体记录，以产第1个蛋的平均日龄计算；群体记录，按日产蛋率达5%的日龄计算。

(2)产蛋量：指母鹅在统计时间内的产蛋量，有两种计算方法，一种是按入舍母鹅数计，另一种是按母鹅饲养日数计。

按入舍母鹅数计算：

$$\text{入舍母鹅平均产蛋量(枚)}=\frac{\text{统计时间内的总产蛋量}}{\text{入舍母鹅数}}$$

按母鹅饲养日数计算：

$$\text{母鹅饲养日产蛋量(枚)}=\frac{\text{统计时间内的总产蛋量}}{\text{统计时间内日平均饲养母鹅只数}}$$

或

$$=\frac{\text{统计时间内的总产蛋量}}{\text{统计时间内日饲养只数累加数}\div\text{统计时间日数}}$$

(3)产蛋率：指母鹅在统计期内的产蛋百分比。一种方法是按饲养日计算，另一种方法按入舍母鹅数计算。

按饲养日计算：

$$\text{饲养日产蛋率}=\frac{\text{统计时间内的总产蛋量}}{\text{实际饲养日母鹅只数的累加数}}\times 100\%$$

按入舍母鹅数计算：

$$\text{入舍母鹅产蛋率}=\frac{\text{统计时间内的总产蛋量}}{\text{入舍母鹅数}\times\text{统计日数}}\times 100\%$$

(4)蛋重：

平均蛋重：从300日龄开始计算，以克为单位。个体记录，要连续称取3个以上的蛋，计算平均值；群体记录，要连续称取3天总产蛋量求平均值。大型鹅场按日产蛋量的5%称测蛋重，计算平均值。

总蛋重：指每只种母鹅在一个产蛋期内的产蛋总重量。

$$总蛋重=平均蛋重\times平均产蛋量$$

(5)母鹅存活率：指入舍母鹅数减去死亡数和淘汰数后的存活数占入舍母鹅数的比率。

$$母鹅存活率=\frac{入舍母鹅-死亡数-淘汰数}{入舍母鹅数}\times100\%$$

(6)蛋的品质：应在蛋产出后 24 小时内进行。

①蛋形指数：指蛋的最大纵径和最大横径的比值。用游标卡尺测量纵径和横径，以毫米为单位。

②蛋壳厚度：通过分别测量出蛋壳钝端、中端和锐端的厚度，再算出平均值。用蛋壳厚度测定仪测量，测量时要剔除内壳膜。以毫米为单位。

③蛋壳强度：用蛋壳强度测定仪测定，单位为千克/厘米^2。

另外，蛋的品质评定还有蛋的相对密度、蛋黄色泽、蛋壳色泽、哈氏单位及血斑蛋率、肉斑蛋率等指标。

三、繁殖性能指标

(1)种蛋合格率：指母鹅在规定的产蛋期内(一般指 70 周龄之内)所产的符合本品种要求的合格的种蛋数占产蛋总数的百分比。

$$种蛋合格率=\frac{合格种蛋数}{产蛋总数}\times100\%$$

(2)受精率：指孵化 5～7 天照蛋检查时，受精蛋数占入孵蛋的百分比。血圈、血线蛋按受精蛋计算，散黄蛋按无精蛋计算。

$$受精率=\frac{受精蛋数}{入孵量数}\times100\%$$

(3)孵化率(或称出雏率):

$$受精蛋孵化率=\frac{出雏数}{受精蛋数}\times 100\%$$

$$入孵蛋孵化率=\frac{出雏数}{入孵蛋数}\times 100\%$$

(4)健雏率:指适时出壳,绒毛正常,脐带愈合良好,健康活泼,发育良好的雏鹅数占出雏数的百分比。

$$健雏率=\frac{健雏率}{出雏数}\times 100\%$$

(5)每只种母鹅提供健雏数:指在规定的产蛋期内(一般指 70 周龄之内),每只种母鹅生产的健康雏鹅数。

(6)成活率:

雏鹅成活率:指育雏期末(0～4 周龄)成活雏鹅数占入舍雏鹅的百分比。

$$雏鹅成活率=\frac{育雏末期成活雏鹅数}{入舍雏鹅数}\times 100\%$$

育成期鹅的成活率:指在育成期末(5～30 周龄)成活的育成鹅数占育雏期末入舍雏鹅数的百分比。

$$育成鹅成活率=\frac{育成期末成活的育成鹅数}{育雏期末入舍的雏鹅数}\times 100\%$$

(7)称量体重:对照饲养标准,适时称量鹅的体重,对调整和改善饲养管理条件、以达到良好的饲养效果增加经济效益具有重要的作用。称重一般有 5 个类型,即初生重、育雏期末体重、育成期末体重、开产期体重和产蛋期体重。称重前要停喂 6 小时以上,抽样公母各半,数量要求 100 只以上。

四、饲料转化比指标

饲料转化比是衡量鹅的品种生产性能和饲养管理水平高低的指标之一。

$$产蛋期料蛋比=\frac{产蛋期耗料量}{总蛋重}$$

$$肉用仔鹅料肉比=\frac{肉用仔鹅全程耗料量}{总活体重}$$

五、产羽绒性能指标

(1)烫煺毛产量:指鹅烫煺毛的干重量。

(2)活拔毛产量:指活拔羽绒的产量。一般统计活拔胸腹部、腿部、体侧、尾侧等处的羽绒产量。按一次活拔毛产量计或以一年活拔毛产量计。

(3)含绒率:鹅的羽绒中,绒的经济价值最高。

$$含绒率=\frac{绒的重量}{羽绒的总重量}\times 100\%$$

六、产肥肝性能指标

肥肝是鹅经过填肥之后,在肝内沉积大量脂肪所形成的特殊肝脏。评价产肥肝能力的指标有:

(1)肥肝重:指成年鹅经过一段时间填饲后,刚宰杀、剖腹取出的新鲜肥肝的重量。对鹅群则采用肥肝平均重表示。

(2)料肝比:消耗精料量与鲜肥肝重量的比。

(3)填饲期增重率:指填饲期增重占填饲前体重的百分率。

(4)填饲期淘汰率:指经过一段时间填饲后,淘汰鹅占填饲开始时鹅数的百分率。

第四章　鹅的孵化技术

第一节　鹅蛋构造

鹅蛋和其他禽蛋在构造上是基本相同的，可分为蛋壳、蛋壳膜、蛋白、蛋黄、胚珠或胚盘五个部分，见图 4-1。

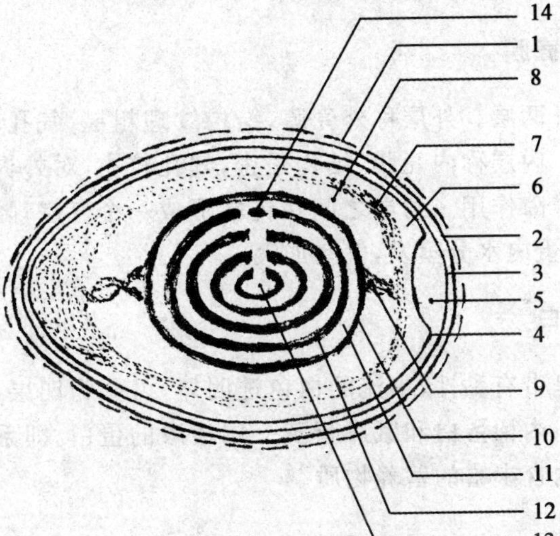

图 4-1　鹅蛋构造

1.胶护膜　2.蛋壳　3.外壳膜　4.内壳膜　5.气室　6.外稀蛋白　7.浓蛋白　8.内稀蛋白　9.系带　10.蛋黄膜　11.浅蛋膜　12.深蛋黄　13.蛋黄心　14.胚珠或胚盘

一、蛋壳

蛋壳是包裹蛋内容物的石灰质硬壳。蛋壳重量约占总蛋重的12％。蛋壳外面有一层胶质保护膜，能封闭壳上气孔，限制蛋内水分蒸发，防止细菌侵入，但随着长期存放或孵化，胶护膜则逐渐溶解或脱落。蛋壳中层为海绵层，是由结晶状的矿物质沉积在乳头层上一层凹凸不平的硬壳层，具有相当的硬度和耐受力。蛋壳内层为乳头层，由无数小圆形乳头组成，是蛋具有一定强度最主要的部分。蛋壳上有 9 000～12 000 个气孔与内外相通，便于胚胎发育进行物质和气体代谢，同时使蛋壳具有良好的透视性。

二、蛋壳膜

分内外两层。外层称外壳膜，结构纹理粗糙，气孔较大，可通过微生物。内层称内壳膜，结构紧密，气孔较小，对外界微生物的侵入发挥屏障作用。两层之间在钝端形成一个气室，随着蛋存放时间延长，蛋内水分蒸发，气室加大。

三、蛋白

蛋白是带有黏性、半流的白色透明体，可分为四层，即外稀蛋白、浓蛋白、内稀蛋白和紧靠蛋黄一层很浓的蛋白，即系带层浓蛋白。蛋白内含丰富的营养物质。

四、蛋黄

半流动的黄色球状物。外层为蛋黄膜。整个蛋黄除了中心浅蛋黄体和瓶形颈外，都是由深、浅两种蛋黄相间的同心层组成。蛋黄之所以出现深、浅两种颜色，是由于昼夜新陈代谢的节奏性不同而形成的。

五、胚珠或胚盘

蛋黄表面有一个淡白色小圆点称为胚珠，是没有分裂的卵母细胞，受精后次级卵母细经过分裂后形成胚盘，比胚珠略大。因胚珠或胚盘比重较蛋黄轻，因此总是浮在蛋黄的上面。

第二节　鹅的胚胎发育

一、种蛋形成过程中的胚胎发育

发育成熟的卵细胞排入输卵管的喇叭口，与精子结合形成受精卵，并在种蛋形成过程中开始发育。当受精卵到达峡部开始进行第一次细胞分裂，通过细胞的分化和分层，形成了一个多细胞的白色盘状囊胚，称为“胚盘”。胚盘中央薄、充满液体的透明部分为明区，周围较厚的不透明部分为暗区，胚胎在胚盘的明区开始发育，形成两个不同的细胞层，内胚层和外胚层，到种蛋产出时，胚胎发育已进入到囊胚期或原肠早期。种蛋产出后，外界气温下降到23℃以下，胚胎发育处于停滞状态。

二、孵化期间的胚胎发育

在正常的孵化条件下，鹅的受精蛋从入孵到出雏，一般需30.5～31天。孵化期间，鹅的胚胎发育过程与特征如下：

1. 胚胎发育早期

从孵化的第1天至第6天，称为胚胎发育的早期，内部器官开始发育。内、外胚层之间很快形成中胚层，由3个胚层形成雏鹅的各种组织与器官，其中内胚层形成消化道和呼吸道的上皮及内分泌腺体，中胚层形成肌肉、生殖器官、排泄器官、循环系统、结缔组织和骨骼等，外胚层形成皮肤、羽毛、喙、趾、耳、神经系统及口腔和泄殖腔的上皮等。

第 1 天：胚盘重新开始发育，胚盘明显扩大，器官原基出现。照蛋时看到胚胎在蛋黄表面呈一透明的圆点，俗称“小圆点”。

第 2 天：出现血管，蛋黄表面的圆点变大，俗称“鱼眼珠”，又称“白光珠”。

第 3 天：心脏形成，开始跳动，羊膜覆盖头部，照蛋时看到卵黄囊血管区形状似樱桃状，欲称“樱桃珠”。

第 4 天：胚胎头尾分明，头部向左侧弯曲，尾芽形成。

第 5 天：四肢、喙、内脏原基出现，尿囊变大。卵黄囊血管和胚胎构成的形状，照蛋时发现就像一个蚊子，俗称“蚊虫珠”。

第 6 天：尿囊迅速生长，肉眼可见。卵黄囊血管包围 1/3 的卵黄。照蛋时发现，卵黄已不易随着蛋的轻动而转动。卵黄囊血管和胚胎构成的形状，似一只小的蜘蛛，俗称“小蜘蛛”。

2. 胚胎发育中期

从孵化的第 7 天至第 17 天，称为胚胎发育的早期，外部器官开始发育。胚胎脖颈伸长，翼、喙明显，四肢形成，腹部愈合，全身覆盖羽毛，胫趾上出现鳞片。

第 7 天：胚体更加弯曲，四肢发育，初具鸟类形状，明显看到黑色的眼点，俗称“单珠”，又称“起珠”。

第 8 天：口腔形成，尿囊迅速增大，卵黄囊包围一半以上的卵黄。照蛋时发现，胚胎形状似电话筒，看到的两个小圆团，一个为头部，一个为弯曲增大的躯干部，俗称“双珠”。

第 9 天：胚胎呈明显的鸟类特征，但在照蛋时，不易看清在羊水中的胚胎，俗称“沉”。

第 10 天：羽毛原基分布整个体躯，尾部明显，胚胎肋骨、肝、肺等明显，四肢成形。照蛋时，蛋黄的不易移动，胚胎似在羊水中浮游，俗称“浮”。

第 11～12 天：胸腔愈合，背部出现绒毛，喙形成、尿囊迅速向小头伸展，几乎包围了整个胚胎。照蛋时发现，当蛋转动时，卵黄亦易晃动，尿囊血管迅速伸展、越出卵黄，俗称“发边”。

第 14～15 天：尿囊在蛋的锐端合拢，头部覆盖绒毛，喙开始角质化。照蛋时发出，整个蛋除气室之外都布满血管，俗称“合拢”。

第 16～17 天：腹腔愈合，全身覆盖绒毛，足部出现鳞片。照蛋时发现，血管不断加粗，颜色进一步变深。

3. 胚胎发育后期

从孵化的第 18 天至出壳，称为胚胎发育的后期，为胚胎的强化生长阶段，蛋白被全部吸收利用，胚胎强化生长，肺血管形成，尿囊及羊膜消失，卵黄囊收缩入体腔，开始利用肺呼吸，最后出壳。

第 18～21 天：胚胎头部移向右下翼，眼睑合闭，胚胎不断吞食稀释的蛋白，气室逐渐变大。照蛋时发现，小头发亮的部分日益缩小，蛋内黑影（胚胎身体）不断变大。

第 22～23 天：蛋白基本用完，鼻孔形成。照蛋时，将小头对准光源，不见发亮的部分，俗称“关门”，又称“封门”。

第 24～25 天：开始睁眼，卵黄开始吸入腹腔，因胚胎转身，照蛋时发现气室向一边倾斜，俗称“转身”，又称“斜口”。

第 26～27 天：卵黄吸收结束，胚胎大转身，颈部进入气室，准备啄壳。照蛋时发现，气室内有黑影闪动，俗称“闪毛”。

第 28 天：胚胎喙部穿破壳膜，俗称“起嘴”，又称“见嘌”。

第 29 天：胚胎头部突入气室更多，开始啄壳。

第 30 天：大批出雏。

第 31 天：出雏完毕。

第三节　种蛋的选择、运输、保存和消毒

一、种蛋的选择

（1）种蛋要来源于高产鹅群：种蛋要选择品种纯正、生产性能

高、繁殖力高、遗传性状稳定、未感染传染病的种鹅群。种鹅宜选1年以上4年以内阶段的鹅，且公母比例适当。选购种蛋，宜提前与供应户签好合同，了解、指导对方做好种鹅饲养管理、疫病防制工作，确保种蛋在质量上、数量上得到保障。要选择受精率高的鹅群，一般于交配后5天开始选留种蛋，受精率要达到90%以上。

(2)种蛋要新鲜、清洁：种蛋一般在一周内孵化效果较好，3～5天内孵化最佳。刚产下的种蛋，因蛋壳气孔通气性较差，孵化效果不是很好。随着存放时间延长，则孵化率降低。存放一个月的种蛋则不能用来孵化，夏天比其他季节存放时间更短。新鲜蛋无光泽，表面好似有一层霜状粉末，而陈蛋表层光滑发亮，有斑点。

种蛋表面要清洁干净，不能粘有饲料、粪便及蛋白蛋黄之类的脏物等，否则易堵塞气孔，且病菌侵入，影响胚胎正常发育。

(3)种蛋颜色、大小、形状、质地要符合要求：种蛋颜色要符合本品种标准颜色。种蛋大小要适中、符合品种要求，超过标准±15%的不宜作种蛋用。鹅蛋正常形状为椭圆形，畸形蛋要剔除，如尖头蛋，短圆蛋、细长蛋、腰鼓形蛋不能作种蛋。种蛋质地要细致均匀，厚薄适中。蛋表层粗糙、过薄，不能作种蛋用。还可通过照蛋，剔除裂纹蛋、双黄层、散黄蛋、血块异物蛋、气室过大的陈蛋等。

二、种蛋的运输

种蛋运输是孵化场需要重视的一个环节，若运输不当，则会造成种蛋受损导致孵化率下降。运输前要妥善把种蛋包装好，最好用纸箱装，也可用木箱，竹篓包装，箱内要用厚纸片做成方格，每格放一个种蛋，各层之间再用厚纸片隔开。如果用一般箱运输种蛋，也无隔纸格，亦可用一些干燥、干净整洁的锯末、稻糠、稻草作填充物，以隔离种蛋，同时亦能防震荡碰撞。运输过程中，要注意防震、防雨、防暑、防寒。运输的最适温度以15～18℃为宜，相对湿度为

75％。运输要求快捷，宜空运、火车运输，汽车运输更要防止颠簸震荡，运输中途不能耽搁时间，要及时送达。

三、种蛋的保存

(1)种蛋保存的外界条件：保存的温度以 12～15℃为宜，保存温度高于 23.9℃，则胚胎会发生不完全发育；低于 0℃，胚胎则会受冻丧失孵化价值。相对湿度最适为 70％～80％，湿度太高，种蛋表层回潮，容易发霉变质；湿度过低，种蛋内水分蒸发加快，气室变大，降低孵化效果。种蛋贮藏室内要保持通风、干燥，清洁干净，同时要做好防鼠、防蚊虫等保护措施。种蛋贮藏室内，还要禁放煤油、汽油、农药、化肥等有异味、有害物品。

(2)种蛋保存时间：最佳为 3～5 天。夏季不超过 5 天，春季不超过 7 天，冬季不超过 10 天，实践证明，种蛋保存时间越长，孵化率越低。

(3)放置位置与翻蛋：种蛋保存 1～3 天，可以大头朝上放置；超过 4 天以上，则要以小头向上，以防气室增大。同时要经常翻蛋，防止胚盘与壳膜粘连，导致胚胎早期死亡，因此每天要翻蛋1～2 次。

四、种蛋的消毒

对种蛋进行消毒，可防止因种蛋受到污染而带来的各种疫病，从而提高孵化率和雏鹅的生命力。种蛋消毒的常用方法主要有：

(1)福尔马林熏蒸消毒法：按消毒室每立方米空间用高锰酸钾 15 克，40％的福尔马林溶液 30 毫升混合熏蒸消毒。操作方法是：

在瓷器皿(或玻璃容器)中先放入高锰酸钾，然后加入福尔马林，熏蒸 20～30 分钟。此法注意添加药品顺序不能颠倒。熏蒸时要关闭所有门窗、洞眼，并将室温调节到 25～27℃，相对湿度为 75％～80％。熏蒸后要及时打开门窗通风，24 小时后方可入孵。

种蛋从蛋库移入孵化室，蛋壳上凝积水珠，熏蒸时对胚胎不利，因此孵化室要先提高室温，使水珠蒸发后再进行熏蒸消毒。

(2)新洁尔灭喷洒消毒法：用5%的新洁尔灭(溴化苄烷铵)原液加50倍40℃的温水配制成0.1%的溶液，用喷雾器喷洒在种蛋表面，消毒液干燥后即可入孵。此法注意消毒液不能与高锰酸钾、碱、碘及肥皂混用造成药液失效。

(3)紫外线照射消毒法：把种蛋放置于紫外线灯下40～80厘米处，照射10～20分钟。消毒时环境温度要调到10℃以下，相对湿度为45%～65%。

(4)高锰酸钾浸泡消毒法：用高锰酸钾制成浓度为0.5%的溶液，将种蛋浸泡1分钟，取出晾干。此法注意高锰酸钾溶液要现配现用，防止消毒液氧化而失效。

(5)过氧化氢消毒法：使用浓度低的过氧化氢(双氧水)，具有较强的氧化杀菌能力，也有物理清污作用，国外已广泛用于卫生消毒剂，其消毒效果优于福尔马林，5%过氧化氢能完全消除蛋壳表面微生物的最低浓度，如添加稳定剂，消毒效果更好。

第四节 现代机器孵化法

机器孵化鹅种蛋，对孵化的温度、湿度、通风、翻蛋等进行机械化自动控制，为胚胎发育创造更合理、更稳定的环境条件，对减小劳动强度，提高孵化率，进行规模化批量生产苗鹅具有重要的作用。

一、孵化机调试

孵化前要对孵化机进行全面检查，如电机、电风扇、温度计、孵化机四周的密封保温性能、机器翻蛋情况、通风效果等情况。然后调试好孵化机的某一温度，试运转1～2天，如果调试温度稳定，机器动转正常，再对孵化室、孵化机统一消毒后就可上蛋开始孵化。

二、上蛋

上蛋有分批上蛋和整批上蛋两种方法。分批孵化，指小型炕坊根据合同订单的时间、数量，灵活安排上蛋入孵的时间、数量。整批上蛋，就是指一次性将孵化机装满。

因鹅蛋较大，为便于胚胎发育通常采用平放的方式上蛋，注意不能将小头朝上，否则造成难产。上蛋最好安排在下午，这样出雏大部分在白天，便于发售苗鹅。另一个要注意的问题是，在冬春季节，因气温较低，气温与孵化箱的温度相距极大，在上蛋前要将种蛋进行预热，防止将冷蛋放入孵化机内出现种蛋表面有小水珠的现象，以免影响胚胎发育。种蛋预热的方法是，先将种蛋在孵化室存放半天时间，使种蛋温度渐渐达到室温，然后再装上孵化机，这也是让种蛋内的胚胎有一个苏醒的过程，逐步适应室温和孵化温度。

三、照蛋

一般照蛋三次，主要检查胚胎发育是否正常。第一次照蛋在入孵后 6～7 天进行，主要目的是剔除无精蛋、死精蛋、散黄蛋。第二次照蛋在入孵后 16～17 天进行，主要是剔除死胚蛋和头照漏检的无精蛋。第三次照蛋在入孵后 27～28 天进行，可结合转盘检查胚胎发育情况。孵化过程中也可随时抽查照蛋，对照胚胎发育规律，若发现异常情况要及时寻找原因，调整孵化条件，以提高孵化成绩。

四、转盘

指种蛋入孵至 27～28 天，转移到出雏机内继续孵化，准备出雏。转盘以种蛋有 50％～60％啄壳时为最佳时机。转盘后要提高出雏机内的相对湿度，并加大通风换气量。转盘时，若照蛋检查发现胚胎发育普遍迟缓，则应推迟转盘时间。

五、出雏

孵化期结束即可出雏，因已出壳的雏鹅如在出雏机内停留长时间，将会导致脱水，降低生命力。所以，每间隔4小时拣雏一次，拣雏动作要轻、快，先把绒毛已干的雏鹅拣出，同时要把空蛋壳拣出便于继续出雏，同时还可防止蛋壳套在其他胚蛋上造成闷死胚胎现象。出雏期间不要经常打开机门，以免降低出雏机内的温度，同时也要关闭出雏机内的照明灯，防止造成雏鹅的骚动、惊吓和堆挤。在出雏后期，对已啄壳但无力出壳的弱雏可进行人工破壳助产，但助产必须观察尿囊血管是否枯萎，若强行助产极易造成大出血死亡。

六、通风换气

胚胎发育需不断吸收氧气，同时排出二氧化碳，为保证胚胎正常生长发育，必须注意孵化机内空气新鲜，方法是通过通气孔的调节来进行，孵化初期气孔只要开1/4就行，随着胚龄加大，不断加大气孔，出壳时全部打开。孵化室内亦要做通风换气工作，以保证孵化器内温度、湿度正常调节，为孵化器正常通风创造良好的环境。

七、停电应急措施

孵化场在设计时就要考虑停电应急措施，有条件的应备有发电机，遇停电，可自己发电保障孵化机正常运转。若无条件购置发电机，就要在设计时在孵化室内建有加温烟道系统。停电时根据胚龄、停电时间长短来采取应急措施。如在孵化前期遇到停电，应开炉火升温保证胚胎发育。如孵化后期遇到停电，因胚龄大自温能力强，应及时打开孵化机门，防止电风扇停转后热量上升致使上部胚蛋受热过多，每隔 1～2 小时抽检一次胚蛋温度，贴近眼皮如果感到发烫说明温度过高，最好与下层蛋盘对调。

八、孵化机内温度、湿度控制

采取整批上蛋孵化方法，采用“变温法”，孵化机的前期温度为 37.8～38℃，湿度为 55%～60%；中期温度为 37.5～37.8℃，湿度为 50%～55%；后期温度为 37～37.3℃，湿度为 65%～70%。

若采取分批上蛋孵化方法，同一孵化机内有不同日龄的胚蛋，则采用“恒温法”，孵化前期温度为 37.6～37.8℃，孵化后期为 37～37.3℃。湿度控制：在孵化机内为 53%～57%，在出雏机内为 65%～70%。

另外还要注意的是，孵化室温度控制在 20℃左右。在湿度控制上，当雏鹅出壳达 10%～20%比例时，要将出雏机的湿度增加到 75%以上。

九、翻蛋和凉蛋

翻蛋既可以使胚蛋受热均匀，而且还可以防治胚胎与壳膜粘连，有利于胚胎正常发育。翻蛋角度为 90 度。入孵第 1 周每 2 小时翻蛋一次，以后每天翻 4 次，入孵到 27～28 天转盘后停止翻蛋。如遇停电，要坚持翻蛋。

凉蛋，是帮助发育到中期的鹅胚散热的一个重要手段。鹅蛋的脂肪含量比鸡蛋高，中期的鹅胚脂肪代谢增强而产生大量的生物热，若不采取凉蛋，就会出现因温度过高而导致胚胎死亡的现象。每次凉蛋的时间，要根据胚龄、季节、室温调整，早期凉蛋时间 10～15 分钟，后期凉蛋可 30 分钟左右。凉蛋方法主要有两种：第一种方法是孵化机内凉蛋，每天降低二次温度，每次降至 32～35℃，然后恢复到正常孵化温度，每次半小时左右；第二种方法为机外凉蛋法，从孵化 8～10 天或 15～16 天起，将蛋盘移出机外，每次将蛋温降至 30℃左右，凉后在蛋表面喷洒温水，再推进孵化机内正常孵化。

十、日常管理

一要加强孵化人员的培训与管理，提高整体素质，进行绩效考核。二要注意孵化室环境净化。要及时打扫，并做好消毒工作。三要做好孵化生产记录。包括孵化日程表、孵化生产记录表、孵化统计表等。通过生产统计情况，计算受精率、受精蛋孵化率、入孵蛋孵化率和健雏率，从而科学调整、指导种鹅生产和苗鹅孵化生产。

第五节 传统孵化法

我国民间传统孵化种鹅蛋已有 2 000 年的历史，各地因地制宜摸索了很多成功的孵化方法。在经济欠发达地区，鹅种蛋的传统孵化法仍然很受欢迎。

一、缸孵法

孵化器具为土缸、铁锅、箩筐。土缸建造方法是用稻草编成筒状，然后糊上黏土，下面连接一口径一致的大铁锅，铁锅上涂盛泥土和炭渣的混合物，锅中放垫物，上方放置装种蛋的箩筐。缸壁下侧设有生火供温的灶口。可用木炭作为燃料供温，通过控制炭火的大小、灶门的开闭、缸盖的揭覆来调节温度。通过调换箩内种蛋位置、缸盖开口大小的控制来满足种蛋孵化的条件，孵化半个月后进行摊床自温孵化。此法多在长江中下游地区采用，特别盛行于江浙一带。

二、桶孵法

孵化器具主要包括孵桶、网袋、孵谷、炉灶及锅等。孵桶为圆柱形木桶，也可用竹篾编织成圆形无底的竹篾替代，外面糊上粗厚的草纸或涂上泥沙，最后用纸内外裱光，底部填谷壳。种蛋用麻布或网袋包裹，初期热源是炒热稻谷用麻布包裹或用砂纸盛载。种蛋入孵前需先晒蛋或焙蛋加热，然后炒热稻谷放 2 层在桶底，再将种蛋与热谷相间分层放入桶内至顶层蛋面上又放热谷 2 层。每天经过 2 次调桶更换成热谷，顺序上下对调蛋层和加减桶面覆盖物以调节孵化的温度、湿度和换气。一般经过 14～16 天入孵 4～5 批胚蛋（每 3 天入孵一批）之后，首批日龄长的胚蛋所产生的热量能满足新蛋胚胎发育的需要时，就可进入自温孵化，即老蛋孵新蛋。此时将各批不同日龄的胚蛋间隔排列放置桶内孵化。每天须进行调桶，即由上至下更换蛋层 2 次。自温孵化期内，蛋层排列、蛋数变化、加减覆盖物是孵化过程的关键性操作环节，要凭经验灵活掌握。此法多在华南、西南、中南等地区广泛采用。

三、炕孵法

孵化器具为土炕、麦秸、苇席。土炕的建造方法如同北方保暖睡觉的炕，炕下设升火供温的灶口，铺设烟囱通到外面。孵化时，在土炕上先铺麦秸、再铺种蛋，上面覆盖棉被。通过人工翻蛋、掀或盖棉被、升火加温时间的长短来满足种蛋孵化的条件。此法主要应用于北方地区。

四、摊床孵化法

此法是在缸孵法、炕孵法的后期，因胚龄大的胚蛋具有自温的能力，不需热源供温，将胚蛋移上摊床，借助胚胎体温和覆盖物来完成后期孵化直至出壳的孵化方法。

孵化器具为摊床、覆盖物。摊床多建在传统孵化器具(如炕、土缸)旁,用木条或竹子搭成,在床上铺上草席。摊床可建 2～3 层,以操作方便、安全、经济为宜。

操作方法是将已孵化半个月的胚蛋移至摊床上,起初因胚蛋自温能力弱,可叠放 2～3 层,覆盖的棉被盖 2～3 层,随着胚蛋体温升高,逐步将胚蛋单层放置,棉被层数也可逐步减少。翻蛋,要勤将摊床中部的胚蛋与床边的胚蛋交换位置,因中部胚蛋不易散热,而边蛋易散热,通过交换位置,以调节温差,保持胚蛋温度平衡。增、减棉被类覆盖物,要视胚龄、蛋温、室温、气温随时调节。胚龄增大,覆盖物逐步减少。蛋温高,覆盖物减少;蛋温不均,要将覆盖物抖凉后再盖。室温高时,减少覆盖物;室温低时则多盖。早、晚多盖棉被,中午则少盖;春季、冬季多盖,而夏季则少盖。总之,摊床孵化法主要是通过勤翻蛋、增减和掀盖覆盖物、开关门窗调节室温等措施的综合、灵活、运用,来完成后期孵化过程,此法经济实惠,易于操作,只要做到细心观察,勤于调节,不断总结经验,孵化的效果都比较理想,因而在生产实践中应用较广。

在机器孵化与传统孵化中,判定种蛋表面温度,除观察温度计外,还可配合用眼皮来感觉蛋温。通常以入孵种蛋的小头接触眼皮感觉蛋温,如感觉有点烫,蛋温度约为 39.4℃;如感觉有热度,蛋温度约为 38.3℃;如感觉平和,蛋温度约为 37.2℃;如感觉平和稍凉,蛋温度约为 36℃。这种用眼皮感温的方法,需经常对照标准反复实践,不断积累经验,对处理如停电、机器出现故障等突发事件,判定和掌握合适的孵化温度,提高种蛋孵化率具有较好的参考价值。

第六节 自然孵化法

自然孵化法是利用鹅天然的就巢性(抱窝),让母鹅自己孵化种蛋，适当给予人工辅助的孵化方法。此法简单、成本低、极易操作，在经济贫困地区因交通不便、电力紧张、养殖散且小而多采用。

一、母鹅的选择和调教

我国许多鹅种都有就巢性。母鹅每产一窝蛋（约 12 枚）就开始抱窝，表现出衔草垫窝、啄羽盖蛋的现象。选择孵化种蛋的母鹅，宜选产蛋一年以上已有抱窝习惯的母鹅。对于无抱窝经历的新母鹅，要给予调教，可用假蛋让它试孵，待新母鹅安静孵化后，再将种蛋放入窝内让其抱孵。对新母鹅抱孵要注意观察，防止踩破蛋或经常离窝。

二、抱窝期间管理要点

1. 精心喂养母鹅

母鹅在抱窝的 31 天中，体内营养消耗很大，若不注意补充营养，则会迅速消瘦，既影响抱窝，又严重影响今后产蛋，甚至会导致死亡。因此，要给抱窝母鹅给予添加营养，并给予适当运动。可喂以富含蛋白质、矿物质等营养的混合饲料，并给予充足的青绿饲料。可将母鹅赶至水塘嬉水、洗浴。要注意的是一定要待母鹅运动休息片刻后羽毛干透才能进窝，也可人工擦干，绝不能让母鹅带水、带脏进窝孵化。母鹅离窝时间掌握在半小时左右。母鹅离窝期间，为防种蛋温度下降过大，可在蛋表面覆盖棉絮或旧衣服。

2. 人工辅助翻蛋与照蛋

因抱窝母鹅翻蛋不均匀，因此必须进行人工辅助翻蛋。方法是将母鹅抱离，每天定时翻蛋 2～3 次，翻蛋的角度要超过 110 度，可在种蛋的表面用笔纵向画上一圈线条，便于翻蛋时辨认。翻蛋要把窝中心的蛋与窝边的进行调位。抱窝期间可照蛋 2～3 次，通过照蛋及时剔除无精蛋、死胚蛋等。照蛋后，每窝合格种蛋减少，因此要及时将种蛋并窝，多余的母鹅可入孵新种蛋，也可催醒促其恢复产蛋。

3.始终保持窝内清洁卫生和安全

每天翻蛋时要及时整理巢窝，清出潮湿的或被粪便污染的垫草，一旦发现破蛋，亦要及时清出，换上干燥、柔软的垫草。要防止老鼠和蛇的侵害。

4.人工辅助出雏

抱窝母鹅孵化种蛋 27 天后，就可将胚蛋移至箩筐内利用自温，通过勤翻蛋和掀盖覆盖物来人工出雏。孵化 31 天后，对啄壳困难的弱雏可进行人工助产，但要注意只有待尿囊枯萎后方可助产，否则极易导致雏鹅出血死亡。

第七节 雏鹅的性别鉴别

初生雏鹅因泄殖腔过小不易根据生殖器官来鉴别，在生产实践中多采用以下几种公母鉴别法，实践中综合应用则更准确、更迅速。

一、外形鉴别法

(1)一看体型和头颈：体型大、头大、颈长、喙角较长而阔、眼较圆者，为公雏。体型较小、头较小、嘴角短而窄，眼较长圆则为母雏。

(2)二看翼角和腹部：翼角光滑无绒毛，腹部平贴，为公雏。翼角有绒毛，腹部有点下垂，为母雏。

(3)三看绒毛：绒毛颜色浅淡者为公雏，绒毛颜色较深者为母雏。

(4)四看站立姿势：站立较直者为公雏，站立姿势有点似斜者为母雏。

二、声音鉴别法

雏鹅鸣声高、尖、清晰者，为公雏。若鸣声低、粗、沉浊者为母雏。

三、动作鉴别法

若追赶雏鹅，低头伸颈者为公雏。若高昂着头者为母雏。

四、翻肛法

用左手将雏鹅仰卧固定，再用右手的拇指和食指先压掉胎粪，然后把肛门轻轻拨开，再稍加压力翻开泄殖腔，如在泄殖腔口发现有螺旋状的皱襞突起（阴茎的雏形），可判定为公雏，若看不到突起，只看见三角瓣形皱褶，则为母雏。此法鉴别较准，但速度较慢，应在出雏绒毛干后立即进行，这样对雏鹅损伤最轻。

五、捏肛法

捏肛法操作简单、准确率高，农村常用此法鉴别公母雏鹅。鉴别要领是：用左手提住雏鹅，呈背朝上、腹朝下姿势，再用右手的拇指和食指在雏鹅的肛门外轻轻一捏，使泄殖腔外翻，用手指触诊，如果手指感触到有芝麻般大小的突起，尖端可以滑动，根端相对固定，就可判定为公鹅的阴茎。如果感触不到任何突起，则为母鹅。

六、顶肛法

此法要求有较高的技术水平，需长期训练方能掌握要点，熟练者其鉴别速度、准确率均超过捏肛法。鉴别要领是：左手捉雏鹅，以右手中指在其肛门外轻轻向上顶，如感觉有一颗芝麻大小的东西，即为公鹅，若无感觉则为母鹅。

第五章　鹅的营养需要与日粮配合

第一节　鹅的消化吸收特点

鹅是草食家禽，对青粗饲料具有较高的利用能力。试验表明，鹅对粗纤维的利用过程是在消化道各部分机械的、化学的和微生物的三种作用协同下进行的，而不是某个消化器官、某种作用单独进行的。鹅的口腔内没有牙齿，依靠喙将饲料撕碎；鹅肌胃又称"鹅肫"，由坚厚的肌肉组成，收缩时压力达 3.5 万～3.7 万帕，比鸡和鸭大得多，鹅依靠肌胃的强力收缩作用和采食的砂粒的研磨这两种机械作用，有效地崩解植物细胞壁，使细胞汁流出，被消化液所消化；此外，小肠与直肠交界处有对细长分叉的盲肠，含有大量的微生物，尤其是厌气纤维分解菌，也能使纤维素发酵，生成大量可吸收的低级脂肪酸。因此鹅能够依靠低能量、高粗纤维的牧草为生。在鹅的饲养管理中，应该充分利用这一特性，从而花较少的饲养成本换取更多的鹅产品。

第二节　鹅的饲料种类

鹅的饲料来源很广，品种繁多。按照饲料的营养成分，可将鹅的常用饲料分成青绿饲料、粗饲料、能量饲料、蛋白质饲料和添加剂等几大类。现分述如下：

一、青绿饲料

青绿饲料是指天然含水量大于 60％的饲料。一般以新鲜植物的茎叶作为饲料的，包括各种蔬菜、天然牧草、人工栽培牧草、水生植物、嫩枝树叶等，具有养分全面、来源广泛、消化容易、成本低廉的优点，是目前最主要、最经济的鹅饲料。一般来讲，只要青绿饲料供应充分，可以不补充或少量补充精料。

青绿饲料的营养特点是含水量高，能量低，一般水分含量在75%～90%，但粗蛋白质相对含量按干物质计算，约占20%，相当于玉米籽实中粗蛋白质含量的2.5倍，而且氨基酸比较全面，生物学价值高；维生素来源丰富，幼嫩多汁，纤维素少，适口性好；此外，青绿饲料的季节性强。常见青绿饲料的营养成分见表5-1。

表5-1 鹅常用青绿饲料营养成分

饲料名称	干物质（%）	代谢能（兆焦/千克）	粗蛋白质（%）	粗纤维（%）	钙（%）	磷（%）
白菜	4.90	0.25	1.10	0.70	0.12	0.04
青菜	4.60	0.46	1.05	0.52	0.09	0.03
苦荬菜	15.00	1.81	4.00	1.50	0.28	0.05
苋菜	12.00	0.63	2.80	1.80	0.25	0.07
甜菜叶	6.90	0.84	1.40	0.70	0.02	0.03
莴苣菜	8.00	0.67	1.40	1.60	0.15	0.08
蚕豆叶	15.63	1.42	3.57	2.11	0.29	0.03
玉米叶	15.00	1.17	2.70	2.73	0.13	0.06
槐树叶	25.60	2.24	7.50	3.10	0.29	0.01
胡萝卜秧	20.00	1.59	3.00	3.60	0.40	0.08
金花菜	9.65	0.50	3.34	2.59	0.35	0.07
野菱	16.24	1.00	1.41	3.81	0.68	0.11
青野草	15.71	1.30	3.55	2.54	0.31	0.12
浮萍	17.20	0.71	1.60	0.70	0.19	0.04

续表 5-1

饲料名称	干物质（%）	代谢能（兆焦/千克）	粗蛋白质（%）	粗纤维（%）	钙（%）	磷（%）
白三叶	17.70	1.92	3.90	3.50	0.25	0.08
苜蓿	29.20	2.72	5.30	10.70	0.49	0.09
聚合草	29.20	1.59	3.20	1.30	0.16	0.12
紫云英	13.40	1.55	3.20	2.20	0.17	0.06
苕子	15.60	1.63	4.20	4.10	0.12	0.02

在鹅的饲养管理中，青绿饲料常采用放牧饲养直接利用或刈割后进行舍饲利用两种方式。应注意以下几点：

（1）放牧或刈割青绿饲料：要了解青绿饲料是否有毒和刚喷过农药，以防农药中毒。

（2）青绿饲料要现采现喂：堆放过久的青绿饲料会产生亚硝酸盐，导致中毒。

（3）豆科牧草与禾本科牧草搭配饲喂：苜蓿、三叶草、紫云英等豆科牧草含皂素较多，放牧时鹅因适口性对它的选择性不如黑麦草等禾本科牧草，因此不宜使用单独的豆科牧草饲喂，应与禾本科牧草搭配使用，例如与禾本科牧草混播后，割碎青饲或制成草粉，在日粮中配合25%以上，效果较好。

（4）防止母鹅产薄壳蛋：含草酸多的青绿饲料如菠菜等不可多喂。

（5）定期驱虫：长期使用水生饲料，易感染寄生虫病，要定期驱虫。

二、粗饲料

粗饲料是指粗纤维在18%以上的饲料。主要包括干草粉、秕壳类、树叶类等。粗饲料来源广泛，成本低廉，粗纤维含量高，不容易消化，蛋白质和维生素含量低（表 5-2）。

表 5-2　常用青干饲料营养成分

饲料名称	干物质（%）	代谢能（兆焦/千克）	粗蛋白质（%）	粗纤维（%）	钙（%）	磷（%）
优质苜蓿草粉	89.0	3.39	20.40	19.70	1.46	0.22
槐叶粉	90.3	3.97	18.10	11.00	2.21	0.21
黄花苜蓿粉	87.77	6.29	22.80	16.44	2.11	0.26
野草粉	85.87	3.82	4.15	25.73	1.44	0.04
紫云英粉	87.97	5.82	22.27	19.53	1.32	0.09
茭白草粉	86.02	2.05	10.81	32.12	1.19	0.14
桑叶粉			20.40	10.40	2.36	0.02

但豆科牧草如苜蓿、三叶草等，在风干后，经粉碎机磨成粉状，是鹅冬季粗蛋白质、维生素和钙的重要来源，营养价值也较高。

干草粉在日粮中的添加比例通常为20%左右，与其他饲料搭配饲喂，既能降低饲料成本，又不影响鹅对其他养分的消化吸收。粗饲料要防止腐烂发霉和混入杂质。

三、能量饲料

能量饲料是指饲料干物质中粗纤维 18%以下、粗蛋白质 20%以下的饲料。包括谷实类、糠麸类、块根块茎和瓜类。能量饲料主要用于满足饲料中的能量需要，在日粮中的比例占 50%～60%，是日粮的主要组成部分。但营养物质不平衡，单一使用效果不佳。

(1)谷实类：包括玉米、稻谷、小麦、大麦、碎米等，含碳水化合物70%以上，粗蛋白质 8%～12%，粗脂肪 2%～6%，矿物质 1.5%～1.6%。谷实类饲料氨基酸组成不全面，赖氨酸不足，尤其玉米中色氨酸含量低，麦类中苏氨酸少，必须与蛋白质饲料配合使用。

①玉米：是最常用饲料，含丰富的碳水化合物，粗纤维少，胡萝卜和叶黄素多，适口性好。玉米的品质受储存期和储存条件影响

大，避免使用受霉菌污染或酸败的玉米。

②稻谷：适口性好，粗纤维较高，是我国水稻产区常用的养鹅饲料。

③小麦：蛋白质含量高，必需氨基酸含量也较高，但苏氨酸不足。缺乏维生素 A、维生素 D，且黏性大，消化吸收率低。

④大麦：适口性好，但皮壳粗硬，需破碎后饲喂。据报道，饲用复合酸制剂可提高大麦的代谢能值及营养物质的消化率。常用谷实类饲料营养成分见表 5-3。

表 5-3　常用谷实类饲料营养成分

饲料名称	干物质（%）	代谢能（兆焦/千克）	粗蛋白质（%）	粗纤维（%）	钙（%）	磷（%）	蛋氨酸（%）	赖氨酸（%）
大麦	88.8	11.12	10.8	4.7	0.12	0.29	0.11	0.45
小麦	91.8	12.87	12.1	2.4	0.07	0.36	0.23	0.32
燕麦	90.3	11.29	11.6	8.9	0.15	0.33	0.20	0.30
小米	86.6	14.04	8.9	1.3	0.05	0.32	0.23	0.14
糙米	87.0	13.96	8.8	0.7	0.04	0.25		
碎米	88.0	14.09	8.8	1.1	0.04	0.23		
稻谷	90.6	10.66	8.3	8.5	0.07	0.28	0.12	0.32
玉米	88.4	14.04	8.6	2.0	0.04	0.21	0.10	0.28
高粱	89.3	13.00	8.7	2.2	0.09	0.28	0.13	0.25
粟	91.9	10.12	8.7	7.4	0.06	0.26	0.24	0.20

（2）糠麸类：包括米糠和麸皮等，是谷物加工成粮食后的副产品，含蛋白质 10%～16%，能量价值偏低，粗纤维含量高，用量不宜过多。常见糠麸类饲料营养成分见表 5-4。

①米糠：是稻谷加工的副产品，因含油量高达 14%，容易酸败。此外，米糠纤维素含量高，使用量不宜多，一般用量为 5%～10%。

②麸皮：是小麦加工的副产品，适口性好，能量低，粗纤维含量

高，有轻泻作用，喂量不要超过日粮总量的10%～20%。

表5-4　常用糠麸类饲料营养成分

饲料名称	干物质（%）	代谢能（兆焦/千克）	粗蛋白质（%）	粗纤维（%）	钙（%）	磷（%）	蛋氨酸（%）	赖氨酸（%）
大麦麸	87.0	8.19	15.4	57	0.33	0.43		
小麦麸	88.6	6.25	14.4	9.2	0.18	0.78	0.15	0.61
玉米皮	88.2	6.56	9.7	9.1	0.23	0.35	0.14	0.29
米糠	90.2	10.91	12.1	9.2	0.14	0.10	0.25	0.63
高粱糠	91.1	9.66	9.6	4.0			0.28	0.38
统糠	90.2	3.01	5.4	31.7	0.36	0.43		

（3）块根、块茎和瓜类：包括山芋、胡萝卜、马铃薯、南瓜等。这类饲料产量高，淀粉含量高，适口性好，可切碎生喂或熟后拌料喂。因马铃薯发芽后有毒性，故宜去芽后喂用。新鲜的块根、块茎和瓜类含水量高。常见块根、块茎饲料营养成分见表5-5。

表5-5　常用块根、块茎类饲料营养成分

饲料名称	干物质（%）	代谢能（兆焦/千克）	粗蛋白质（%）	粗纤维（%）	钙（%）	磷（%）
马铃薯	25.0	3.02	2.10	0.70	0.02	0.03
菊芋	10.4	1.25	0.76	0.36	0.05	0.12
木薯	30.6	3.39	1.00	0.80	0.06	0.03
南瓜	10.0	1.42	1.00	1.20	0.04	0.02
山芋	25.0	3.68	1.00	0.90	0.13	0.05
胡萝卜	12.05	1.05	1.14	1.74	0.28	0.02

四、蛋白质饲料

蛋白质饲料是指饲料干物质中的粗纤维含量在18%以下，粗蛋白质含量在20%以上的饲料。蛋白质饲料因来源不同分为植物性和动物性蛋白质饲料。一般情况下，鹅有了植物性蛋白质就能满足生理需要，不需另加动物性蛋白质。而且动物性蛋白质成本高，所以生产中较少使用。特别不能饲喂腐败变质的动物性蛋白质。

1. 植物性蛋白质饲料

包括豆类和饼粕类，是农产品加工的副产品。饼粕类饲料有大豆饼、花生饼、棉籽饼、菜籽饼等。由于原料和加工方法的不同，营养价值差异较大。饼粕类饲喂前应当粉碎，棉籽饼与菜籽饼中含有棉酚或葡聚硫甙，应限量或脱毒后使用见表5-6。

表5-6 常用饼粕类饲料营养成分

饲料名称	干物质（%）	代谢能（兆焦/千克）	粗蛋白质（%）	粗纤维（%）	钙（%）	磷（%）	蛋氨酸（%）	赖氨酸（%）
豆饼	90.6	11.04	43.0	5.7	0.32	0.50	0.57	2.74
菜籽饼	92.2	8.44	36.4	10.7	0.73	0.95	0.56	1.83
花生饼	90.0	12.25	43.9	5.3	0.25	0.52	0.50	1.56
棉仁饼	92.2	8.15	33.8	15.1	0.31	0.64		
葵仁饼	93.8	6.95	28.7	19.8	0.65	0.81	0.06	1.13

①大豆饼(粕)：豆饼是大豆压榨提油后的副产品，而采用浸提法提油后的加工副产品称为豆粕。大豆饼的蛋白质含量40%～48%，氨基酸组成较好，但蛋氨酸含量不足，而且生大豆中含有胰蛋白酶抑制因子、皂素等有害物质，使用前须经适当的热处理。可用3分钟110℃热处理。其用量可占鹅日粮的10%～25%。

②棉籽饼(粕)：脱了壳的棉仁所制成的饼粕，蛋白质含量达41%。其氨基酸组成特点是赖氨酸不足、精氨酸过高。棉籽饼含有毒物质，对鹅体组织和代谢有破坏作用，需去毒处理后使用。用量控制在日粮的5%以下。

附：棉酚去毒的常用方法有：

(a)粉碎后加入0.5%硫酸亚铁浸泡，使棉酚与铁结合而去毒。

(b)加入12%～18%的水，高温加热处理棉粕，可去除游离棉酚，但会破坏氨基酸。

(c)用混合溶剂浸提棉籽。已烷、丙酮、水的比例为44∶53∶4。此法不降低蛋白质的营养价值，游离棉酚的含量低于0.02%，但溶剂回收困难。

③菜籽饼：菜籽饼是菜籽榨油后的副产品，蛋白质含量达37%，但能值偏低，营养价值不如豆饼。菜籽饼有辛辣味，适口性不好，需进行浸泡加热或与其他饼粕类搭配使用。菜籽饼含有芥酸、单宁等抗营养因子，过多饲喂会损害甲状腺、肝和肾，用量占5%。

④花生饼：花生饼是花生榨油后的副产品，蛋白质达40%。适口性好，有香味。但含有抗胰蛋白酶因子，可用120℃的温度加热破坏。含脂肪高，易感染黄曲霉素，不宜久存。用量占日粮5%～10%。

2.动物性蛋白质饲料

主要有鱼粉、肉骨粉、羽毛粉等，蛋白质达40%，富含氨基酸、钙和磷，营养成分见表5-7。

表5-7　常用动物性饲料营养成分

饲料名称	干物质(%)	代谢能(兆焦/千克)	粗蛋白质(%)	粗纤维(%)	钙(%)	磷(%)	蛋氨酸(%)
秘鲁鱼粉	89.0	12.12	89.0	3.91	2.90	1.16	3.90
肉骨粉	90.0	11.70	60.1	5.54	3.01	0.67	2.60
血粉	89.2	9.99	80.2	0.30	0.23	0.68	7.79
蚕蛹	91.0	14.27	53.9	0.25	0.58	2.21	3.66

①鱼粉、肉骨粉：粗蛋白质45%，氨基酸含量丰富，但来源少，价格较高。使用时要防止掺杂使用，并且要防止沙门氏菌污染。

②羽毛粉、血粉：蛋白质含量较高、但适口性差，不易消化。

③其他动物性蛋白质饲料如河蚌、蚕蛹、蚯蚓及动物下脚料。蛋白质含量较高，在喂前应充分煮熟，防止腐败。

五、矿物质饲料

矿物质饲料是指专为提供矿物元素的一种饲料，主要有贝壳粉、骨粉、石灰石粉、食盐、沙砾等。食盐是鹅必需的矿物质饲料，用量占日粮的0.3%左右，在生产鹅肥肝时，食盐含量以1.0%～1.6%为宜。贝壳粉、蛋壳粉、磷酸氢钙和磷酸钙是优良的钙磷补充饲料。

沙砾没有营养作用，但有助于鹅的肌胃磨碎饲料，提高消化率。可在饲料中拌入沙砾或者在鹅舍内放置沙砾盘，让鹅自由啄食。添加量1%，粒度似绿豆大小。

六、饲料添加剂

饲料添加剂是指不属于植物性、动物性和矿物质饲料范围的补充饲料。除了维生素、微量元素外，还有氨基酸添加剂、防腐剂、抗氧化剂、抗生素添加剂等。使用饲料添加剂的目的是强化基础日粮的营养价值，保障家禽的营养需要和健康。饲料添加剂可分为营养性物质添加剂和非营养性添加剂两大类。

1.营养性物质添加剂

用于平衡鹅日粮养分，增强和补充日粮营养。可分为三种：一是氨基酸添加剂，主要有赖氨酸添加剂和蛋氨酸添加剂两种。二是微量元素添加剂，用于补充铁、铜、锌、锰等。宜选择硫酸盐类试剂，便于对蛋氨酸的吸收利用。三是维生素添加剂，如复合维生素；每100千克日粮中添加10克左右。

2.非营养物质添加剂

不是鹅必需的营养物质，但可以产生良好的效果。一是抗生素添加剂，如土霉素、泰乐菌素、喹乙醇、氯苯胍等，有预防疫病、促进生长的作用；二是饲料保存添加剂，如乙氧喹、BHA抗氧化剂和丙酸、丙酸钙等防霉剂；三是其他添加剂如食欲增进剂、中草药饲料添加剂等。

第三节　饲料的加工调制

为了改进饲料的适口性，增加鹅食欲，提高饲料的消化率，减少饲料浪费，除放牧时直接觅食野生饲料外，其余饲料应根据实际情况进行加工调制处理。

1. 切碎

青绿饲料如各种蔬菜、牧草、水生植物、嫩枝树叶以及块根、块茎、瓜类最好洗净切碎后喂鹅。切后的青绿饲料不宜堆积久放，以免腐败变质。

2. 粉碎

饼粕类饲料块大质硬，谷实类饲料有坚硬的外壳和表皮，以及粗饲料等，都不易被鹅消化吸收，必须经过粉碎或磨碎后才能喂鹅。粉碎的大小因鹅龄而异。喂大鹅的谷实类饲料可不粉碎，生产鹅肥肝的玉米，则不可粉碎。

3. 浸泡

较坚硬的谷粒如玉米和小麦，喂前用水浸泡可增大体积，增加柔软，便于采食，易于消化。雏鹅开食用的碎米可先浸泡1小时后再喂。浸泡的时间不宜过久，以免发酵变质，降低适口性。

4. 拌湿

用粉碎后干粉料直接喂鹅，适口性差，浪费也大。若把粉料加水适当拌湿后再喂鹅，可提高适口性和饲料利用率。

5. 蒸煮

谷实饲料如玉米、大麦等蒸煮后可增加适口性和提高消化率。一些动物蛋白饲料如河蚌、小鱼等也要蒸煮，防止腐败。蒸煮过程会破坏一些营养物质。

6. 去毒

有些饲料含有使鹅中毒或不宜消化吸收的物质，应经过加工处理后才能使用。如棉籽饼有游离棉酚，菜籽饼有芥酸和单宁，大豆含有皂素，都必须进行去毒。

第四节　鹅的饲养标准

根据鹅的不同生长发育阶段，对各种营养物质的需要量确定一个大致标准，以便实际饲养时有所遵循，这个标准就是饲养标准。我国尚未制定全国统一的符合我国鹅种特点的饲养标准，因而在实践中，往往借鉴国外的饲养标准并根据我国鹅种特性进行调整。为满足各地养鹅科研生产需要，现将有代表性的一些推荐标准摘录如下（表 5-8 至表 5-12）。

表 5-8　美国 NRC 鹅的营养需要

营养成分	0～4 周龄	4 周龄以后	种鹅
能量水平/(兆焦/千克)	12.13	12.55	12.13
蛋白质(%)	20	15	15
赖氨酸(%)	1.0	0.85	0.6
蛋氨酸＋胱氨酸(%)	0.60	0.50	0.5
钙(%)	0.65	0.60	2.25
有效磷(%)	0.30	0.30	0.30
维生素 A(国际单位)	1 500	1 500	4 000
维生素 D(国际单位)	200	200	200
胆碱(毫克)	1 500	1 000	500
烟酸(毫克)	65.0	35.0	20.0
泛酸(毫克)	15.0	10.0	10.0
核黄素(毫克)	3.8	2.5	4.0

表 5-9　法国的鹅营养推荐量

营养成分	0～3 周龄			4～6 周龄			7～12 周龄	
代谢能(千焦/千克)	10 868	11 704	11 286	12 122	11 286	12 122	9 196	10 450
粗蛋白质(%)	15.8	17.0	11.6	12.5	10.2	11.0	13.0	14.8
赖氨酸(%)	0.89	0.95	0.56	0.60	0.47	0.50	0.58	0.66
蛋氨酸(%)	0.40	0.42	0.29	0.31	0.25	0.27	0.23	0.26
含硫氨基酸(%)	0.79	0.85	0.56	0.60	0.48	0.52	0.42	0.47
色氨酸(%)	0.17	0.18	0.13	0.14	0.12	0.13	0.13	0.15
苏氨酸(%)	0.58	0.62	0.46	0.49	0.43	0.46	0.40	0.45
钙(%)	0.75	0.80	0.75	0.80	0.65	0.70	2.60	3.00
磷(%)	0.67	0.70	0.62	0.65	0.57	0.60	0.56	0.60
有效磷(%)	0.42	0.45	0.37	0.40	0.32	0.35	0.32	0.36
钠(%)	0.14	0.15	0.14	0.15	0.14	0.15	0.12	0.14
氯(%)	0.13	0.14	0.13	0.14	0.13	0.14	0.12	0.14
日饲料采食量[克/(日·只)]								
产蛋初期							170	175
产蛋末期							350	300

表 5-10　朗德鹅的参考饲养标准

周龄	代谢能(兆焦/千克)	粗蛋白质(%)	粗纤维(%)	赖氨酸(%)	蛋氨酸+胱氨酸(%)	钙(%)	磷(%)	食盐(%)
0～3	12.0	20	5.8	1.0	0.6	0.65	0.4	0.3
4～10	12.6	15	7.3	0.85	0.5	0.6	0.4	0.3
种鹅	11.7	15.5	6.2	0.6	0.5	2.25	0.0	0.3

表 5-11　莱茵鹅的饲养标准

营养成分	开食料（0～3 周）	生长期料（4～10 周）	后备期料（11～27 周）	开产期料（28～47 周）	拔毛期料（47 周以上）
代谢能（兆焦/千克）	12.13～12.34	11.71～11.92	10.87～11.08	11.51～11.71	11.92～12.13
粗蛋白(%)	19.5～22	17～19	15.5～17	16.5～18	12～12.5
蛋氨酸(%)	0.5	0.45	0.33	0.35	0.25
赖氨酸(%)	1.00	0.80	0.65	0.75	0.40
粗纤维(%)	4	4	6	4	5
钙(%)	1.0～1.2	0.9～1.0	1.3～1.5	3～3.2	1.4～1.6
磷(%)	0.45～0.50	0.45～0.50	0.45～0.50	0.45～0.50	0.45～0.50
维生素 A（国际单位/kg）	15 000	15 000	15 000	15 000	15 000
维生素 B（国际单位/kg）	3 000	3 000	3 000	3 000	3 000
维生素 C（国际单位/kg）	20	20	20	20	20

表 5-12　鹅的饲养标准推荐量(王恬)

营养成分	0～4 周龄	4～6 周龄	6～10 周龄	后备鹅	种鹅
代谢能(兆焦/千克)	11.0	11.7	11.72	10.88	10.45
粗蛋白(%)	20	17	16	15	16～17
钙(%)	1.2	0.8	0.76	1.65	2.6
非值酸磷(%)	0.6	0.45	0.4	0.45	0.6
赖氨酸(%)	1.0	0.7	0.6	0.6	0.8
蛋氨酸(%)	0.75	0.6	0.55	0.55	0.6
食盐(%)	0.25	0.25	0.25	0.25	0.25

第五节　鹅的日粮配合

根据鹅的饲养标准,选用适当的饲料配合成日粮,称为日粮配合。日粮配合是否合理,直接影响鹅的生产性能及养鹅效益。

一、遵循的基本原则

1. 选择合理的饲养标准

根据鹅的不同生长发育阶段、生长环境和鹅种特点等灵活调整,制定出适宜的营养需要量。

2. 选择相应的饲料原料

根据鹅的生理特点,发挥本地资源优势,尽量选择来源方便、价格低廉、营养丰富的饲料;饲料品质和适口性要好;饲料种类多样化,至少 3 种以上。

3. 日粮配合要保持相对稳定

配合饲料中各类饲料所占比例见表 5-13。

表 5-13 配合饲料中各类饲料所占比例

饲料种类	比例(%)	饲料品种举例
谷实类	45～70	玉米 30～65,稻谷 20～30,碎米 30～50,大麦 15～20,小麦 10～30
糠麸类	5～15	糠 5～10,麦麸 5～15
植物性蛋白质饲料	10～25	豆饼、花生饼 10～25
动物性蛋白质饲料	3～7	鱼粉、骨肉粉 3～7,羽毛粉、血粉 3～5
矿物质饲料	5～7	贝壳粉、蛋壳粉 3～5,骨粉 1～2,食盐 0.3～0.5
维生素饲料		青菜、青草等

二、日粮配合方法

由于我国鹅的饲料种类不多,一般使用简单的试差法。所谓试差法,就是根据饲养标准,确定所需的各种营养物质量;选用本地区的饲料,大致拟定所占比例;按照饲料营养成分表计算出日粮营养含量,并与饲养标准进行比较,通过增减某些饲料的用量来调整,直至最后与饲料标准的要求相吻合。现举例说明如下:

假设某鹅场有一群 5 月龄的太湖鹅种鹅,体重 3.5 千克左右,现要求用下列饲料设计一个能使该群鹅产蛋率为 80%以上的日粮配方。该场现在可供应的饲料有:大麦、玉米、麸皮、豆饼、石粉及维生素、微量元素添加剂。青绿饲料有紫云英、苜蓿、黑麦草等。

日粮配方的设计过程如下:

(1)第一步:确定该鹅群的营养需要量。

当采用青、精饲料搭配饲喂种鹅时,应当按每头动物每日的营养需要量来设计日粮配方。为了能计算出每只鹅每日的营养需要量,首先从鹅的营养需要表(表 5-8)中,查得每千克种鹅饲粮中应达到的营养需要量,然后再根据种鹅的日均风干料采食量计算出每日每只鹅的营养需要量。据有关资料介绍，除青饲料外，大型鹅每天每只可采食精料120～180克，小型鹅则为90～130克。加上青饲料后折算出的每天每头鹅风干料采食量大型鹅260～360克，小型鹅220～320克。本例中的太湖鹅属小型鹅种，为计算方便，下面按10只种鹅的营养需要量列于表5-14。

表5-14 10只体重为3.5千克左右的种鹅日养分需要量

采食风干料（千克）	代谢能（兆焦）	粗蛋白质（克）	赖氨酸（克）	蛋氨本能＋胱氨酸（克）	钙（克）	有效磷（克）	食盐（克）
2.5～3.2	30.33	375	15.0	12.5	56.3	7.5	6.0

注：10只种鹅日营养需要量＝饲养标准中规定的养分需要量×10只种鹅的最低风干料采食量。

（2）第二步：根据现有饲料品种，查阅家禽常用饲料营养成分及营养价值表（附录），得出它们每千克原料中的养分含量及营养价值见表5-15（为计算日粮粗纤维含量现将各饲料中的粗纤维含量也一并查出）。

（3）第三步：确定青绿饲料和混合饲料给量，试配混合精料，并计算它们的养分供给量。

一只体重为3.5千克的成年种鹅青绿饲料日采食量大约为800克（含干物质14%左右），10只种鹅每日可采食8千克。根据每只种鹅平均每日补饲精饲料大约在150克的饲喂习惯，10只鹅每日同时可采食1.5千克的风干混合精料（含干物质为86%左右）。

每日供给的青绿饲料种类、数量以及由它们提供的营养成分和营养价值量见表5-16。同时与需要量进行比较，并计算出每千克混合精料中应当具备的养分含量，作为下面试配混合精料配方的标准。

混合精料的配方及其提供养分的计算过程详见表5-17。

表 5-15 现有饲料原料的营养成分及营养价值

饲料名称	干物质（%）	代谢能（兆焦/千克）	粗蛋白（克/千克）	赖氨酸（克/千克）	蛋氨酸+胱氨酸（克/千克）	钙（克/千克）	磷（克/千克）	粗纤维（克/千克）
紫云英	13.0	1.34	19	1.3	0.5	1.8	0.7	24
苜蓿	29.2	1.21	30	2.3	1.5	4.9	0.9	31
黑麦草	16.3	2.05	21	1.2	0.4	1.0	0.4	29
大麦	88.8	11.13	108	3.7	3.7	1.2	2.9	47
玉米	88.4	14.06	86	2.7	3.1	0.4	2.1	20
麸皮	88.6	6.57	144	4.7	3.8	1.8	7.8	92
豆饼	88.2	11.05	430	24.5	10.8	3.2	5.0	57
石粉	88.0	—	—	—	—	350.0	—	—
骨粉	88.0	—	—	—	—	318.2	133.9	—
食盐	90.0	—	—	—	—	—	—	—
复合添加剂	90.0	—	—	—	—	—	—	—

5-16　青绿饲料提供养分量计算结果表

饲料名称	供应量（千克）	干物质（克）	代谢能（克）	粗蛋白（克）	蛋氨酸＋胱氨酸（克）	钙（克）	磷（克）	粗纤维（克）
紫云英	3	390	4.02	57	1.5	5.4	0.63	72
苜蓿	2	584	2.24	60	3.0	9.8	0.54	62
黑麦草	3	489	6.15	63	1.2	3.0	0.36	87
合计	8	1463	12.59	180	5.7	18.2	1.53	221
动物营养需要量	30.33	375	15.0	12.5	56.3	7.5		
比较结果尚欠	17.74	195	2.9	6.8	38.1	5.97		
精料要求	11.83	130	1.9	4.5	25.4	3.98		

注：精料要求系指欲配每千克混合料中应含养分量，下同。

表 5-17 混合精料提供养分量的计算结果

饲料名称	比例	干物质（克）	代谢能（兆焦）	粗蛋白（克）	赖氨酸（克）	蛋氨酸＋胱氨酸（克）	钙（克）	磷（克）	粗纤维（克）
大麦	5.5	48.84	0.61	5.94	0.20	0.20	0.07	0.05	2.59
玉米	66.0	583.44	9.28	56.76	1.78	2.05	0.26	0.46	13.2
麸皮	8.0	70.88	0.53	11.52	0.38	0.30	0.14	0.21	7.36
豆饼	13.0	114.66	1.44	55.90	3.19	1.40	0.42	0.21	7.41
骨粉	2.3	20.24	—	—	—	—	7.32	3.08	—
石粉	4.7	1.36	—	—	—	—	16.45	—	—
食盐	0.4	3.6	—	—	—	—	—	—	—
复合添加剂	0.1	0.9	—	—	—	—	0.8	—	—
合计	100	883.92	11.86	130.12	5.55	3.95	25.46	4.01	30.56
精料要求			11.83	130	1.9	4.5	25.4	3.98	
余、欠			+0.03	−0.12	+3.65	−0.55	+0.06	+0.03	

(4)第四步：日粮分析。一般认为，如果某一日粮配方中所提供的各个营养物质量与动物的营养需要量之间的绝对相差不超过±5%，就算该日粮可基本满足动物的营养需要了。本例日粮中几个主要营养指标的最终提供量经过比较计算后列在表5-18中。

日粮分析项目及过程如下：

(1)风干饲料采食量：把现在配制的日粮中所提供的干物质量，按本日粮中混合精料的干物质含量折算风干料量得3 155克(2 788.88÷0.883 92)，平均每10只鹅每日风干料最大采食量约为3 200克，结果仅差45克(相差1.4%)，说明按此日粮喂鹅可以让鹅吃饱。

(2)代谢能的供给量：现为30.38兆焦，10只鹅的需要量为30.33兆焦，结果仅多0.05兆焦(0.16%)，这说明代谢能的供给也能满足需要。

(3)粗蛋白质的供给量：为375.18克，10只鹅的需要量为375克，仅多0.18克，几乎可完全满足该鹅群的需要。

(4)钙的给量：为56.39克，比10只鹅的需要量多0.09克；有效磷的给量为7.55克，比10只鹅的需要量多0.05克。未超过允许限度，而且也不会影响到日粮的钙磷比。因此本日粮中钙磷的供给量也是合适的。

(5)每千克日粮干物质中粗纤维的含量：为95.7克(266.84÷2 788.88，占9.57%)，折算为风干料中的粗纤维含量为8.56%，均未超出成年种鹅日粮中粗纤维的允许水平。

(6)由于在本日粮中使用了一定比例的青绿饲料，从而使日粮中赖氨酸的含量明显提高：通过配合后此日粮的赖氨酸含量超过了鹅的营养需要量，但蛋氨酸＋胱氨酸仍显不足，需要作适当补充，方可使各种氨基酸能基本达到平衡。

表 5-18 日粮提供养分与动物需要量的比较

项目	干物质（克）	代谢能（兆焦）	粗蛋白（克）	赖氨酸（克）	蛋氨酸＋胱氨酸（克）	钙（克）	有效磷（克）	粗纤维（克）
青料	1 463	12.59	180	12.1	5.7	18.2	1.53	221
精料	883.92×1.5	11.86×1.5	130.15×1.5	5.55×1.5	3.59×1.5	25.46×1.5	4.01×1.5	30.56×1.5
合计	2 788.88	30.38	375.18	20.425	11.625	56.39	7.55	266.84
动物要求	3 200	30.33	375	15.0	12.5	56.3	7.5	
比较		+0.05	+0.18	+5.425	−0.875	+0.09	+0.05	

上述分析结果表明，种鹅日粮中营养成分的供给量与动物的营养需要量基本相符；粗纤维含量也未超出种鹅日粮中粗纤维的允许值。因此单纯从计算的结果来看，此日粮配方应当算是营养比较平衡的配方。至于此日粮在生产实际中的效果如何，无疑还需要通过饲养实践来检验。最终的日粮组成如下：青绿饲料：每日每 10 只鹅供给 8 千克。其组成为：紫云英 3 千克，苜蓿 2 千克，黑麦草 3 千克，切碎混匀后喂给。混合精料：每日每 10 只鹅供给 1.5 千克。配方组成为：大麦 5.5%、玉米 66.0%、麸皮 8.0%、豆饼 13%、骨粉 2.3%、石粉 4.7 %、食盐 0.4%、复合添加剂 0.1%。

注意：本例在考虑能量、蛋白质、钙、磷和粗纤维等营养指标的同时，增加考虑了赖氨酸和蛋氨酸＋胱氨酸的供给情况。虽然在本例中经过饲料间的平衡计算，所列的营养已基本能满足动物的营养需要，但在纯粹以禾本科籽实为主的畜禽饲料中，赖氨酸应当是最容易缺乏或不足的氨基酸之一。因此解决动物饲料中氨基酸营养不平衡的问题，首先应当考虑赖氨酸的添加。在生产实践中，只要是喂青饲料的肉鹅、种鹅及产蛋鹅的日粮配方都可按上述所介绍的方法进行设计计算。

三、农村实用日粮配合方法

目前我国农村养鹅，主要采用以谷实类及其副产品为主的饲料作为补充精料，如秕谷、碎米、玉米、瘪麦、米糠和麸皮等直接喂鹅，甚至更多的是有啥喂啥，而不是根据鹅各生长发育阶段或生产目的(育肥、产蛋等)来配合组成各种不同的日粮。由于这种单一饲料的利用率较低，造成很大的浪费。譬如，育雏阶段，雏鹅生长强度很大，需要蛋白质含量较高的日粮，而上述各种单一饲料无论哪种都不可能达到这一营养要求，使苗鹅生长发育受到抑制。产蛋鹅也需要蛋白质含量较高的日粮，但如果采用上述单一饲料喂养，不仅蛋白质含量低，而且蛋白质品质差，氨基酸不平衡，鹅的产蛋性能就不能充分发挥,产蛋量就低。如果日粮由豆饼、稻谷、玉米、麦类、麸皮、米糠、瘪谷、骨粉、贝壳粉等多种饲料按比例配合的话,则不仅可满足鹅的蛋白质需要,提高日粮的氨基酸平衡性,同时可保证日粮的能量含量,并能弥补单一饲料可能缺乏的某些维生素、矿物质等,使日粮营养全面,从而满足鹅的营养需要,发挥鹅的最佳生产性能。表 5-19 列举几例鹅有混合料配方,可供鹅饲养时参考。

表 5-19 鹅不同日龄混合料成分 %

饲料原料	鹅日龄			
	3～10	11～30	31～60	60 以上
玉米、高粱、大麦	61	41	11	11
豆饼或其他饼粕类	15	15	15	15
糖、麸	10	25	40	45
草籽、干草粉	5	5	20	25
动物性饲料	5	10	10	—
贝壳粉	2	2	2	2
食盐	1	1	1	1
沙粒	1	1	1	1
合计	100	100	100	100

第六节 种草养鹅

牧草饲料是养鹅最主要、也是最经济的饲料。牧草种类繁多,大部分能被鹅采食,但天然牧草生长季节性强,产草量低,为提高牧草产量,保证全年均衡供应,必须种植部分高产的人工草地和改良低产的人工草地。根据各地的气候特点,必须选择适宜的牧草品种。以下介绍几种主要牧草特性及栽培技术，供养鹅生产者参考。

一、豆科牧草

豆科牧草根系有根瘤，能固定空气中氮素，茎叶和籽实含有丰富蛋白质，大部分适口性好，是最重要的栽培牧草。

1. 紫花苜蓿

紫花苜蓿适应性广，产量高，品质好，是畜禽最好、最经济的饲料，有“牧草之王”的美称。在灌溉条件下，一般亩产 3 000～5 000 千克，可晒制成干草粉 1 000～1 500 千克，营养期干物质中含粗蛋白质 26.1%，开花期后逐渐降低，一般为 18%～22%。适时收割利用，消化率高，适口性好。放牧时鹅因适口性对它的选择性较差，但与禾本科牧草混播后，割碎青饲、或制成草粉，在日粮中配合 25%饲喂，效果极佳。

栽培技术：紫花苜蓿喜温暖半干旱气候，耐寒，耐干旱，但需水分较多。对土壤要求不严，以排水良好，土层深厚富含钙质的土壤最好。一般轮种苜蓿 2～4 年。苜蓿因种子细小，苗期生长缓慢，整地宜精细，土要上松下实，以利出苗，保证齐苗。苜蓿种子含有 10%～30%的硬实，播前应用砂混合揉搓或晒种 2～3 天，或用 30～60℃温水浸 15～60 分钟，提高种子发芽率。对第一次种植苜蓿的土壤，种子最好进行根瘤菌接种。播种期北方各省宜春播或夏播，西北、东北、内蒙古 4—7 月播种，华北 3—9 月播种。长江流域 3—10 月均可播种，以 9—10 月播种为宜。播种量 0.75～1.0 千克，干旱地区宜稀播，每亩 0.5～0.75 千克即可。播种方法条播、点播均可，以条播最好，行距 20～30 厘米，播种深度 1.5～2.0 厘米。干旱时宜播深 2～3 厘米。可利用冬麦、油菜、春麦等作伴种作物，减少旱风危害，有利出苗。在苜蓿的苗期、早春返青后以及每次刈割后，都应中耕松土，清除杂草，促进再生。

2.红三叶

最适宜在云贵高原及湖北、湖南栽培。红三叶营养丰富,蛋白质含量高,草质柔嫩,适口性好,各种家禽均喜食。

栽培技术:红三叶种子细小,要求整地精细。播种期南方以9—10月最为适宜,在北方可春播。播种量每亩0.5～0.75千克,采种田可略减少。条播较适宜,行距20～30厘米,播深1～2厘米。红三叶与黑麦草混播,效果很好,两者应同期隔行播种。与玉米间种,可获粮、草双丰收。第一次种红三叶的土地,播种前先用根瘤菌拌种,以提高固氮能力,增加产草量。施用磷、钾肥,可有较大的增产效果。红三叶苗期生产缓慢,要注意中耕除草。

3.白三叶

湖南、湖北、贵州、江苏等南方省栽培较多。白三叶喜温暖湿润气候,耐热性比红三叶强,耐酸性土壤,较耐潮湿,耐旱性较差。具匍匐茎,竞争力强,再生性好,耐践踏、耐牧,在频繁刈割或放牧时,可保持草层不衰败,是一种放牧型牧草。白三叶草质柔嫩,适口性好,因主要利用叶片,故营养价值高,干物质含粗蛋白质24.7%。

栽培技术:种子极细小,播前需精细整地,清除杂草,施足底肥,播种期春秋播均可,南方以秋播为宜,但不应晚于10月中旬,否则越冬易受冻害。播种量每亩0.3～0.5千克。条播行距30厘米;撒播,播深1～1.5厘米。白三叶最适宜与多年生黑麦草等混播,提高产量,防止动物过食而发生膨胀病。白三叶地中,每2米种一行玉米,可增精料玉米100～200千克。白三叶苗期生长缓慢,应中耕除草。一旦连植后,则不必中耕,匍匐茎再生,种子落地自生,可维持草地持久不衰,供经常刈割或放牧。初花期刈割,亩产3 000～4 000千克。

二、禾本科牧草

主要有黑麦草和草地早熟禾等。

黑麦草属　全世界有 20 种，经济价值最高、栽培利用最广泛的有两种，即多年生黑麦草和多花黑麦草。黑麦草草质好，柔嫩多汁，适口性好。

1. 多年生黑麦草

多年生黑麦草是温带地区最重要的牧草。在长江流域四川、贵州、湖南等省有大面积栽培，生长快，产量高，品质好，饲用价值高。与豆科牧草混播刈割后喂鹅较好。

栽培技术：多年生黑麦草喜温暖湿润气候，生长最适温度 20℃，需肥沃土壤。南方夏季高温伏旱，越夏困难。播种期，南方以 9—11 月为宜，早播当年冬季和早春即可利用，亦可在 3 月下旬春播，但产量较低。冬播行距 15～30 厘米，播深 1.5～2 厘米，播种量每亩 1～1.5 千克。最适宜与白三叶、红三叶、紫苜蓿混播，可建成高产优质的人工草地。多年生黑麦草分蘖力强，再生速度快，应适当施氮肥，以提高产量。夏季炎热天气，灌水可降低地温，有利越夏。苗期应及时清除杂草。及时采种，防止种子脱落。

2. 多花黑麦草

多花黑麦草又名意大利黑麦草。与多年生黑麦草不同的是，植株较高大，叶片宽，种子有芒，分蘖较少，为一年生牧草，但条件适宜时可生长利用 2～3 年。栽培技术亦与多年生黑麦草相同，但因多花黑麦草生长快，植株较高大，产量高，可在大田中与水稻进行轮作，秋季水稻收获前，把多花黑麦草撒入，或水稻收获后迅速播种，供冬春时家禽利用。第二年初夏，最后刈割翻耕栽种水稻。多花黑麦草可单播，亦可与红三叶、白三叶等混播，还可与青刈作物玉米、高粱等轮作。多花黑麦草喜氮肥，产草量与施氮量呈直线相关。灌水增产显著。年刈 3～5 次，亩产 3 000～5 000 千克，高水肥条件时达 5 000～7 000 千克。

三、叶菜类饲料

主要有苦荬菜、苋菜、牛皮菜、菊苣和鲁梅克斯 K-1 等。

1. 苦荬菜

苦荬菜又称鹅菜、苦麻菜。原为我国的野生植物，现已成为南北各省广泛栽培的一年生高产饲料作物。每年要收种播种。

栽培技术：苦荬菜适应性强，既耐寒，又抗热，但较喜温暖湿润气候，对土壤要求不高。苦荬菜幼苗子叶出土力弱，因此播前土壤要整细。播种期，南方 2 月底至 3 月播为宜，北方 4 月上、中旬播种。在华南也可秋播。一般采用条播或穴播。条播行距 25～30 厘米，北方垄作行距 50～60 厘米，采用撒播或双行条播。穴播行株距 20 厘米。播种量每亩 0.5 千克，覆土 2 厘米。育苗移栽时，每亩大田只需用种 0.1～0.15 千克，幼苗具 5～6 片叶时移栽。移栽行距 25 厘米，株距 10 厘米。

苦荬菜具有生长快、再生力强、产量高、养分佳、适口性好等特点。但需肥量大，肥足才能高产。每亩需施猪牛粪或厩肥 2 500～5 000 千克。每刈一次均要施追肥。春播 5 月上旬，株高 40～50 厘米时可刈用，6—8 月生长特别旺盛，每隔 20～25 天可刈一次。留茬 5～8 厘米，年刈 5～8 次。小面积栽培可剥大叶利用，留小叶继续生长。亩产 5 000～7 500 千克。

2. 菊苣

20 世纪 70 年代末引入我国种植，适应性强，栽培容易，叶质鲜嫩，适口性好，营养价值高，一次种植可多年利用，利用期达 8 个月，产量很高，已推广到江苏、湖南等十多个省市。菊苣喜温暖湿润气候，耐热耐寒。需要充足水分，但不能积水，否则会烂根。对土壤要求不严，抗逆性能强。

栽培技术：①整地施肥，播种前土壤要耕翻耙平，每亩施腐熟厩肥2 500～3 000千克，整好田塉待种。②播种方法：一种是种子直播，每亩用种量0.5～0.75千克，春季3—4月播种、夏季7—9月播种。条播行距25～30厘米，撒播亦可。另一种是育苗、移栽，用种子或肉质根育苗，将肉质根切成2厘米厚的小段，再纵切成2～4小块作催芽繁殖，待小苗长有4～6片叶时移栽，行株距为30厘米×15厘米。③田间管理：菊苣种子生命力很强，立苗后杂草因竞争力差而自然减灭，出苗后半月至1个月间去小苗、劣苗，追施速效肥一次，每次刈割利用后，及时浇灌施肥，促使再生。④收获：当菊苣株高40厘米左右，即可刈割，留茬8～15厘米，秋播的到第二年4—11月可刈割8次，亩产高达1万～1.5万千克。

营养特点及饲用价值：菊苣水分84%，干物质16%，干物质中粗蛋白为20%～23%，粗纤维9.9%，粗脂肪5.3%，无氮浸出物的35%～42%，粗灰分为12.3%，钙1.31%、磷0.53%，此外，菊苣还有止泻作用。鹅每天可采食3千克，利用期是从4—11月份，可填补一年生饲料如苦荬菜和一年生黑麦草在6月份以后青黄不接的状况。

第六章　鹅的饲养管理

第一节　雏鹅的饲养管理

雏鹅是孵化出壳后到 4 周龄以内的鹅。雏鹅饲养管理的好坏，直接关系到鹅一生的生长发育和养鹅的经济效益。

一、饲养季节的选择

饲养季节应根据饲养条件、市场需要和种蛋来源等因素确定。如广东地区四季常青，一般 11 月份前后饲养仔鹅较好，育肥结束时可供应春节市场。在江苏地区，受种鹅产蛋、孵化和饲草资源的季节性限制，一般 3—4 月份开始养鹅，夏秋季上市。但随着生活水平的提高，人们提出了常年食鹅的消费需求，同时现代饲养技术也解决了饲养冬鹅所遇到的有关难题。因此今后可推行苗鹅春秋两炕，发展肉鹅的常年饲养，实现菜鹅的均衡上市。

二、雏鹅的生理特点

1. 消化能力弱

雏鹅消化道的容积较小，肌胃的收缩力弱，消化器官和消化腺的发育和功能尚有待加强，因而直接利用饲料营养的能力有限。

2. 调节体温能力差

雏鹅出壳后，全身仅有稀薄的绒毛，保温性能差，对外界温度的变化缺乏自我调节能力，特别是对冷的适应性较差。

3. 公母鹅生长速度不同

在同样饲养管理条件下，公鹅比母鹅体重多 5%～20%，饲料报酬也好。公母鹅分开饲养可以提高成活率，提高饲养的效益。

三、育雏前的准备工作

1. 育雏时期的选择

江苏地区的传统养鹅一般是清明节前后进雏鹅，当雏鹅达 3 周龄时，放鹅产地的青草已普遍生长，可长时间放牧。北方农村多在 3—6 月份饲养雏鹅，南方多在春、秋育雏。饲养条件较好、育雏设备较完善的大型鹅场，可以更具生产计划实行全年育雏。

2. 育雏场地、设施的准备

接雏前要对育雏舍和育雏设施进行全面检查，修补破损的墙壁，保证室内无"贼风"入侵，并堵好鼠洞，彻底灭鼠。在接雏前 2～3 天进行彻底的清扫消毒，铅笔用 20%的石灰浆刷新，下水道用漂白粉溶液消毒，地面和育雏用具如育雏器、食槽、水槽可用热烧碱溶液洗涤、浸泡，再用清水洗干净。

3. 供热预温

育雏鹅舍得温度应达到 15～18℃才能进雏鹅。利用地面或炕上育雏的，可铺上一层 10 厘米厚的清洁干燥的垫草，然后开始供暖。在进雏前 12～24 小时开始给育雏舍供热预温。

四、育雏方式

(1)网上育雏：在育雏舍内搭架铁丝网或网箱，离地 50～60 厘米，网眼和缝隙的大小为 1.3 厘米左右。可节省大量垫草，减少传染疾病机会，提高雏鹅成活率。

(2)地面育雏：直接在育雏舍的地面内放养雏鹅。地面铺有 3～5 厘米厚的垫草料，垫料要保持清洁干燥、无霉变。

(3)其他育雏：还可采用伞形育雏器、锅炉等形式进行给温育雏。此外，还可利用雏鹅自身温度进行保温，这在养鹅数量不多时可采用。

五、雏鹅的选择

应选择来自健康无病，高产的种鹅，雏鹅应体重适中，站立平稳，叫声响亮，行动活泼；腹部柔软，肛门清洁，卵黄吸收充分；绒毛蓬松洁净，有光泽。剔除精神委靡、瞎眼、歪头、跛腿、大肚皮、血脐及绒毛潮湿粘连无光泽的雏鹅。

六、雏鹅的饲养

1. 及时“潮口”

雏鹅第一次饮水称为“潮口”，可帮助卵黄吸收，促进胎粪排出。“潮口”的时间多在出壳后 24 小时左右，当雏鹅绒毛干爽并能行走自如、有啄食手指和垫料的现象时进行。可用水盆盛水，将雏鹅的嘴按入水盆，让其饮水，调教几次后，雏鹅就会饮水，其他雏鹅会模仿跟着饮水。水要清洁，可加入 0.05％的高锰酸钾溶液防止消化道疾病。“潮口”后，要保证雏鹅随时可喝到水。

2. 适时“开食”

鹅在首次饮水后，表现有伸颈张口等啄食行为时，即可开食。否则，营养供应会脱节。开食的饲料以米饭、清水泡透的碎米和洗净切细的青菜、莴苣叶等鲜嫩草叶为主。把加工好的青料放在手上晃动，撒在塑料布上，供自由采食。对不会采食的鹅，把青菜丝放到嘴边，诱其采食，经数次调教，即会吃食。

3. 精心饲喂

雏鹅的饲料主要是精料和青料，二者的比例为 1∶(2～3.3) 日龄以内的雏鹅吃料较少，每天喂 6～8 次。

4～10 日龄的雏鹅，消化能力和食欲逐步增加，喂量也要增加，每天喂 8～10 次，并且可逐步增加硬度及青料的细度，并添加沙粒。

11～20 日龄的雏鹅，以青饲料为主，比例达 80%～90%，并开始放牧，让鹅采食青草，每天喂 6 次，精料可由熟喂逐步过渡到生喂。

21～28 日龄的雏鹅，可逐步增加放牧时间。日粮中青饲料的比例 90%以上，精料可由米逐步转变为谷实。

注意事项：饲料必须新鲜，不喂腐败变质的饲料，雏鹅不宜饲喂过饱，防止消化不良。饲料由熟到生，逐步由软到硬。

七、雏鹅的管理

1. 雏鹅共育

把整批的雏鹅放在一起给温育雏，即雏鹅共育。这是提高劳动生产效率和养鹅经济效益的一项新技术。采用雏鹅共育，掌握好育雏温度是关键。正确的做法有如下三种：

一是参考育雏温度给温(表 6-1)。

表 6-1　育雏温度

日龄	1～5	6～10	11～15	16～20	21～30
温度(℃)	28～27	26.5～24.5	24～22	21.5～20.0	20～18

二是看鹅施温：温度低时，雏鹅靠近热源，打堆，站立不卧，闭目无神，身体发抖，缩成一团，不时发出尖锐的叫声，有时压挤下面的雏鹅，以至窒息死亡；温度过高时，雏鹅远离热源，张口气喘，行动不安，背部羽毛潮湿，饮水频繁，采食量减少；温度适宜时，雏鹅分布均匀，安静无声，羽毛平整光亮，食欲旺盛。

三是根据强、弱雏和天气变化情况调温：夜间、阴天温度应高些；白天中午、晴天应低些；小群应高些，大群应低些；弱雏应高些，强雏应低些。

除温度外,掌握好湿度也是不容忽视的。高温低湿时,雏鹅体内水分散失增多,绒毛干枯发脆,脚干瘪,易患呼吸道疾病;低温高湿时,舍内既潮湿又冷,雏鹅易发生感冒和下痢;高温高湿时,雏鹅体热向外散发受到抑制,食欲下降,抵抗力减弱,也易发生疾病。一般前10天相对湿度保持在60%～75%,11日龄后保持在60%～65%。

2. 合理分群

挑选雏鹅,按强弱、大小分群,对弱群加强饲养管理,防止强鹅欺负弱鹅,发生挤伤、压死和饿死弱鹅的现象,影响生长育均匀度。分群要有适宜的饲养密度,防止鹅群“打堆”。自温育雏时,1～5日龄每群10只,6～10日龄8只,11～20日龄4～6只,21～28日龄20～24只,28日龄后50只。给温育雏时,每平方米雏鹅为:1～5日龄25只,6～10日龄20～15只,11～15日龄15～12只,15日龄后为10～8只,每群以100～150只为好。

3. 放牧与放水

雏鹅第一次放到水里游动叫放水。雏鹅放牧和放水要选择风和日暖的天气。夏天雏鹅以3～7日龄,冬天以10～20日龄为好。初次放牧时上下午各一次,每次半小时,然后放水数分钟。3周龄后可整天放牧。牧场由近到远,牧草青嫩,离水源较近。

4. 防啄毛与驱虫

由于喂水不当使雏鹅身毛潮湿或不按时喂料、惊动过多等原因,引起3～15日龄的雏鹅发生相互啄毛现象。预防方法是避免身毛潮湿,按时喂料,多喂青饲料及矿物质饲料。

5. 防病和防害

保持环境清洁卫生,定期消毒。抓好防疫注射,预防雏鹅发病。增加防范设施,防止兽害。

八、育雏效果的评估

评估育雏效果的标准，主要是育雏成活率和雏鹅的生长发育状况等指标。一般要求群体的育雏成活率达到85%，育雏期末的体重均匀度达到80%。

第二节　青年鹅的饲养管理

青年鹅是指4周龄以上到转入肥育或选留作种用时为止的鹅。其后，留作种用的鹅称为后备种鹅，不能留作种用的转入育种群，经短期育肥供食用，称为肉用仔鹅。

一、青年鹅的特点

青年鹅的消化道容积不断增大，消化能力、对外界环境的适应性和抵抗力不断增强，骨骼、肌肉和羽毛生长最快，能大量利用青绿饲料。这时以多喂青料或放牧饲养最为适合。

二、青年鹅的饲养管理

青年鹅的饲养有放牧饲养、放牧与舍饲相结合、舍饲3种方式。应以放牧为主，补料为辅，促进快速生长，降低饲料成本。

1. 放牧技术

必须循序渐进，早期除放牧外，每天还需补给精料，以后逐步过渡到完全放牧，让其采食天然的青绿饲料和落谷遗粒。

①选好放牧场地：放牧场地要牧草丰富、青草鲜嫩、靠近水源并且水质优良无污染，如荒山荒坡、田埂、沟塘边及滩涂等都是理想的放牧场所，一般300只规模的鹅群需自然草地100亩或人工草地30亩左右。

②合理组织鹅群：鹅群大小依放牧场地和饲养数量而定。鹅

群太大会影响生长发育的均匀度。一般多为30～50只的小群。

③放牧时间：放牧的时间要尽量延长，逐步做到全天放牧，早出晚归或早放晚宿。一般每天放牧9小时，让鹅吃5～6次饱，适应鹅"多吃快拉"的特点。

④放牧方法：

草地放牧：根据草地的情况采取不同的放牧方式。如果牧地面积大，草源丰盛，可将其分成若干小区，进行轮牧；如果牧地面积较大，牧草不茂盛或者草质差，可让仔鹅分散自由采食；如果牧地小而饲草料多，鹅群可赶得集中些，使仔鹅慢慢吃过去；如在苗圃、果园和育林丛中放牧，更要让鹅充分自由采食。无论在什么牧草地放牧，都不能让鹅走回头路。

稻、麦茬田放牧：稻、麦茬田放牧与牧草地放牧不同，需要进行调教。首先将洗净的稻谷、麦粒撒在食垫上，让鹅采食。待其习惯后，抽去食垫，将谷粒撒在地面上，让鹅练习在地上觅谷。最后将谷粒撒在浅水滩边，使水中滩上都有谷，让鹅自由觅食或驱赶其去觅食。鹅群采食谷实后，极易长膘，大大节省了补饲精料。

仔鹅到稻、麦茬田放牧，应即停喂精料，一般每天放牧3次，每次1～2小时就可吃饱。如鹅群觅食频率平稳稀疏，说明已吃饱，可放水、休息。

归牧：归牧前一定要让鹅饱。回舍前让鹅在水中洗净污泥，待羽毛干后赶入舍内。每天放牧归来，都对鹅群数量、体况进行观察和检查。如果需要补饲，则在补饲后让鹅休息。

⑤牧鹅技巧：

调教鹅群：鹅的合群性强，可塑性大。为便于放牧管理，在放牧初期要进行调教，对出牧、归牧、下水、休息等行为加以相应的信号，使鹅群熟悉并建立起条件反射。首先每天的放牧、饮水、休息、补饲等的安排，要有规律，不能随便更改。其次要固定呼鹅信号，给每一项管理内容配上相应的、固定不变的呼鹅信号——"语言信号”，通过较长时间的调教，使鹅群建立起对“语言信号”的条件反射。只要一听到信号，鹅群就会按相应的管理项目去做。调教鹅群要有耐心，应避免过激行为。

选择“头鹅”：在调教过程中，将胆大、机灵、健壮、条件反射建立快的老龄公鹅选择为带头鹅。在身上涂以标记，利用“头鹅”领鹅放牧，效果较好。例如要让鹅群在固定牧地放牧，只要稳住头鹅，其余的鹅就会安心地专心觅食，不四处乱奔。又如要通过狭窄的通道或岔路口时，只要头鹅引路，其他鹅就会依次从容地通过。

2. 补料与放水

青年鹅生长发育快，需要的营养物质多，如放牧能满足营养需要，可以不补料；吃得不饱或换羽时，要适当补饲。补饲量视牧草质量、采食情况和增重速度而定。一般以糠麸和谷物为主，还应补给 1.5%骨粉、2%贝壳粉和 0.3%的食盐，以促使骨骼正常生长，防止软脚病和发育不良。舍饲的青年鹅需使用全价配合饲料。

鹅吃食的习惯是先吃一顿草，然后找水喝，喝足水后卧地休息。一般让鹅吃到食道膨大部膨胀到喉头下方才算吃饱，然后开始放水半小时，上岸休息 1 小时后继续放牧。

3. 注意事项

鹅对炎热的天气很敏感，故天气炎热时，放牧要起早待晚，早出晚归，中午让鹅群在树荫下休息，防止中暑。水草上有剑水蚤，是绦虫的中间宿主，所以需定期驱虫。

第三节　肥育鹅的饲养管理

青年鹅饲养后期如不留作种用，则要育肥上市。未经育肥的青年鹅，虽也可以上市，但主要是骨架，没有达到最佳体重，胸肌不丰满，屠宰率低，而且肉质较粗，有青草味。进行短期肥育后，肥度增加，肉质改善，可提高养鹅的经济效益。肥育鹅饲养管理的关键是充分喂养、快速育肥、限制活动、减少营养消耗。

一、肥育原理

鹅的肥育指喂给富含碳水化合物的饲料，采用限制活动来减少体内能量消耗，并饲养于光线暗淡的环境中，加速其脂肪沉积。摄入的碳水化合物经消化吸收后，产生大量的能量，供给鹅日常活动的需要，多余的能量则转化为脂肪在体内贮存，使鹅肥育。同时，蛋白质供应充分，促进肌肉充盈丰满，使鹅体变得更为结实。

二、肥育鹅的饲养方法

有放牧肥育、舍饲肥育和填饲肥育 3 种。

1. 放牧肥育

这是广泛使用的、也是最为经济的方法。放牧方法与青年鹅相同，但季节性较强，要与农作物生长季节联系。如春鹅应于清明前捉鹅，正好赶上麦收季节。放牧稻田的要在稻收割前 60 天捉鹅。放牧肥育鹅的平均体重可增加 0.5～0.75 千克。

2. 舍饲肥育

用木条、竹子等围成鹅舍进行鹅的肥育，适合于放牧条件差的地方和季节，以及集约化饲养。这种方法的生产效率高，肥育均匀度好，但饲料成本高。日粮比例大致为：玉米 40%，稻谷 15%，麦麸 19%，米糠 10%。由放牧转变为舍饲要经过 7 天的过渡期。舍饲肥育 15～20 天，体重增加 30%～40%即可出售。

3. 填饲肥育

将甘薯、碎米、米糠等混合精料或配合饲料加适量水，搓捏成粗 1～1.5 厘米、长 6 厘米的条状物，等其阴干后，用人工填入鹅的食道中。填饲时，左手握住鹅头，用双膝夹住鹅身，让鹅站立，左手用两指把鹅嘴撑开，右手拿条状料在水中浸湿后，用食指填入食道中。开始时每天填3次，每次3～4条，以后逐渐增加到每天4～5次，每次填5～6条。填完后把鹅关在圈内，尽量减少活动，并供给充足饮水。也可将饲料拌成糊粥状，用填料机填入鹅的食道中。填饲肥育还可获得较大的肥肝。

青年鹅肥育到什么程度为好，一般以膘度来确定。检验鹅体的膘度主要有两种方法：一是根据“敏子”的丰满程度确定膘度。“敏子”是指鹅的尾椎与骨盆部连接的凹陷处。检查时，如果摸不出凹陷，感到肌肉丰满，说明膘情良好；否则需继续肥育。二是根据体况的丰满程度确定膘度。膘情优的仔鹅，胸部平满，无胸骨突出，摸不到肋骨，两翅膀下靠近肋骨部位的肌肉突出，胸骨稍突出，两翅下肋骨部肌肉突出，但柔软不结实，全身肥度稍丰满。

我国大型鹅种在放牧条件下，60日龄公母鹅活重5.5千克；中型鹅种如浙东白鹅可达3.5千克；小型鹅种70日龄重2.6千克。

三、提高肥育鹅产量和质量的技术措施

1.合理使用饲料，充分发挥潜能

鹅的增重规律因品种不同而异。如狮头鹅在7～9周龄增重最快，日增重达100～112克；太湖鹅绝对增重的高峰期在4～6周龄，周平均增重达500克。一般来说，小型早熟品种早期生长较快，绝对增重高峰较早，与大型迟熟品种相差2周龄左右。因此，要根据生长发育规律，充分利用增重高峰期，发挥鹅增重潜力。

2.喂饲配合饲料，加快肉鹅出栏

我国农村养鹅，多以放牧为主，补饲米饭、谷粒和青菜，营养水平较低，饲养期较长，饲料报酬低，经济效益差。如改喂鹅配合饲料，生产性能将大幅度提高。试验表明：1～28日龄雏鹅饲喂能量、蛋白水平较高的配合料（每千克含代谢能11 715.2千焦，粗蛋白18%），日增重比以米饭和青菜为主的日粮提高17克。

3. 加强本品种选育，提高鹅种品质

本品种选育是提高现有鹅种品质的主要途径。我国鹅种大多还没有经过系统的选育，个体间差异较大，必须进行本品种选育，使有利基因的频率增大，生产性能提高。

4. 开展经济杂交，提高生产效率

首先要进行杂交组合试验，筛选出最好的杂交组合。一般小型品种与小型品种杂交，产生不出杂种优势；用大型品种与小型品种杂交，表现出明显的杂种优势；如吴江市用安徽雁鹅作父本，与太湖鹅杂交，后代 60 日龄重 3.2 千克，比太湖鹅多 1.05 千克。

5. 实行全进全出，加强疫病防控

“全进全出”制是指一个养鹅场、户只养一批同日龄的鹅，饲养期满后，全群一起出场。空场后进行打扫、清洗、消毒，空置 2 周以上，再进另一批鹅。这种生产制度的优点是能最大限度地消灭场内传染病，且采取的技术措施单一，管理也较为方便。

第四节　种鹅的饲养管理

饲养种鹅的目的在于获得较多的合格种蛋，以繁殖后代，取得较好的经济效益。

一、后备种鹅的选择

一般在 60～70 日龄开始选择后备种鹅。外形必须符合各品种的种质特征。种母鹅要生产力好、颈短身圆、善于觅食、生长健壮、羽毛洁白紧密、臀部圆阔、尾短上翘、产蛋率高。种公鹅要遗传性能优秀、发育正常、叫声宏亮、体大脚粗、肉瘤凸出、采食力强、性欲旺盛、具有显著雄性特征。公母鹅的留种比例为 1∶(4～6)，公母合群饲养，自由交配。

二、后备种鹅的饲养管理

后备种鹅与肥育鹅相同，处于生长发育期。但两者饲养管理有明显不同。肥育鹅的目的是育肥，时间较短，不到第2次换羽时就屠宰上市；而后备种鹅的目的是适当控制体重，防止过肥、早熟，提高种用价值，提高群体的产蛋整齐度，确保种鹅能适时配种产蛋、多产蛋、产好种蛋。根据后备种鹅的生理特征，一般分为前期、中期和后期等3个阶段：

1.前期

一般在70～100日龄，为后备鹅的生长发育阶段。由于此阶段仍处于较快的生长发育时期，还将经过第二次换羽，因此需要供给较多的营养物质。此时，应结合草源供给状况，逐步降低精料的营养水平，促进后备鹅机体充分锻炼，提高耐粗饲与抗逆性，以便顺利进入限制饲养阶段。

2.中期

一般从100日龄到开产前1个月结束，为限制饲养阶段。后备种鹅经过第二次换羽后，个体间的生长发育状况不尽相同，开产日龄也差距较大，过早开产的种鹅的产蛋小，受精率低，种用价值低。因此，需要通过对种鹅实行限制饲养，改用低代谢能和低蛋白质饲料，适当推迟开产日龄，提高进入产蛋期的整齐度。在此阶段，母鹅的平均给料量一般比前期减少一半；若采用放牧和舍饲相结合的饲养方式，每天给料次数可由3次减为2次；若以放牧为主，且草源质量较好时，可适当延长放牧时间，尽量减少补饲数量；还应实行公母鹅分开饲养管理，既可尽早补饲公鹅，又可防止早熟鹅乱交滥配。

3.后期

一般为产蛋前1个月到开产，为恢复饲养阶段。该阶段种鹅的体质较弱，应开始补料，逐渐改用成年鹅的配合饲料，提高补饲日粮的营养水平，由粗变精，促进种鹅的体质、体重恢复，促进生殖器官进一步发育完善，达到性成熟，提高种鹅开产的整齐度，为达到高产种蛋打下良好基础。

在实际生产中，一般产蛋前1个月开始补料，将日粮蛋白质含量调整到11%～12%，待日产蛋率达40%时，将粗蛋白质含量提高到15%。补料过早、过迟都会影响鹅换羽和全年产蛋量。补料是否适当，可根据以下几方面判断：一是根据鹅粪的形状来判断。如果粪便粗大而松散，轻轻一拨分成几段，说明饲料中精、青比例合适；粪便细小结实，则应增加青料量。二是根据鹅的膘情来判断。过肥的鹅，卵巢和输卵管周围沉积大量脂肪，产蛋量降低或配种能力下降。母鹅过瘦，应加喂精料、增加蛋白质含量。三是根据鹅产蛋的形状与重量补料。如果食入营养物质不足，蛋壳会变薄，蛋形异常，蛋也变小。

准确识别临产母鹅，有利于及时调整饲养管理方式，提高饲养效益。可从鹅的体态、食欲、配种表现和羽毛变化情况进行识别，临产母鹅全身羽毛紧贴，光泽鲜明，尤其颈羽显得光滑紧凑，尾羽与背羽平伸，腹下及肛门附近羽毛平整。临产母鹅体态丰满、行动迟缓、两眼微凸，头部额瘤发黄，尾部平伸舒展，后腹下垂，腹部饱满松软而有弹性，耻骨兼具已开张有3～4指宽，鸣声急促、低沉。肛门平整呈菊花状，临产前7天，其肛门附近异常污秽。临产母鹅表现食欲旺盛，喜采食青饲料和贝壳类矿物质饲料。从配种方面观察，临产母鹅主动寻求接近公鹅，下水时频频上下点头，要求交配，母鹅间有时也会相互爬踏，并有衔草做窝现象，说明临近产蛋期。

三、种鹅产蛋期的饲养管理

种鹅是指母鹅开始产蛋、公鹅开始配种、繁殖后代的鹅。此时种鹅的生长发育大体完成，对饲料的消化力较强，生殖器官发育成熟并进行繁殖，饲养管理必须与产蛋或配种适应。

(1)产蛋期母鹅应以舍饲为主，放牧为辅。日粮中精、粗、青料要合理搭配，日喂精料不少于 150 克，青料 800～1 000 克，要喂给含钙、磷较多的矿物饲料。当母鹅产蛋率下降到 40%时，应在日粮中增加蛋白质和青料，控制母鹅体重，延长放牧时间，防止种鹅采食过量精料、引起过肥、影响正常排卵、减少产蛋量。

(2)为使母鹅在产蛋期保持旺盛性欲，提高种蛋的受精率，应提供适宜的公母鹅配种比例，实行公母合群放牧，增加交配次数。大型鹅公母比以 1∶(5～6)为宜。小型鹅 1∶(7～8)为宜。鹅的自然交配多在水中进行，早晨 9 点前和下午 4 点后是种鹅交配的两个高峰期。理想的池塘水深为 1～1.2 米。应该掌握鹅的下水规律，适时让鹅下水活动，使种鹅有充分的交配时间。

(3)做好鹅舍保温及人工补光工作。种鹅的饲养一般采用开放式鹅舍、自然光照制度，如采用人工补充光照，特别是在冬季，使得每天的实际光照时间达到 13 个小时，并逐步延长到 15 个小时，可以促进母鹅增加产蛋数量。

(4)训练母鹅在窝内产蛋。地面饲养的母鹅，大约有 60%习惯于在窝外地面产蛋，有少数母鹅产蛋后没有用草埋蛋的习惯，往往踩坏种蛋，造成损失，因此，当母鹅临产前半个月左右，应在舍内墙周围安放产蛋箱。产蛋箱的规格是：宽 40 厘米、长 60 厘米、高 50 厘米，门槛高 8 厘米，箱底铺垫柔软的垫草，每 2～3 只母鹅设一产蛋箱。母鹅有择窝产蛋的习惯，第一次在哪个窝里产蛋，以后就一直在哪个窝产蛋。母鹅在产蛋前，一般不爱活动，东张西望，不断鸣叫，这是将要产蛋的行为，发现这样的母鹅，要捉进产蛋箱里产蛋。

(5)就巢鹅的管理。我国的许多地方鹅种在产蛋期间都表现出不同程度的抱性，对种鹅的产蛋数造成严重的影响。一旦发现母鹅有恋巢表现时，应及时隔离，转移环境，将其关在光线充足、通风良好的地方；或将母鹅围困到浅水中，使之不能俯卧，能较快“醒抱”；对隔离出来的就巢鹅，只供水不喂食，2～3天后喂一些干草粉、糠麸等粗料和少量精料，使之体重不产生下降，“醒抱”后能迅速恢复产蛋。

母鹅产量4个月后，产蛋量减少，蛋形变小，畸形蛋增多，羽毛干枯，部分鹅出现贫血；公鹅性欲下降，种蛋受精率降低，说明产蛋期结束进入休产期。这时饲料应由精料为主逐渐改为粗料为主，转入放牧为主。喂粗料有利于羽毛干枯脱换，防止母鹅过肥。粗饲期可进行人工拔羽。

过去江苏地区养鹅采用年年清的方法，种鹅产蛋至6月初逐渐停产，此时将母鹅淘汰作肉用，下一年的种鹅重新选留。北方和南方其他地区的母鹅一般留用3年。

四、促进母鹅高产的措施

1.鹅的产蛋规律

鹅产蛋水平的高低，决定于内在的遗传潜力和生活环境。

①温度：温度对鹅的生长、性成熟、受精、产蛋都有影响。产蛋的适宜温度是20℃。春、秋季节气温适宜，是母鹅的盛产期。

②光照：光照对母鹅产蛋量的提高十分重要。光照可提高鹅体的新陈代谢，使红血球与血红素的含量增加；还可以使鹅体里的7-脱氢胆固醇转变为维生素D_3，促进体内的钙、磷代谢；同时，使鹅下丘脑产生和分泌促性腺激素的释放激素，促进促滤泡素和排卵诱导素的分泌，促使滤泡发育和排卵。光照时间为每天13～15小时。

③营养：营养是提高母鹅产蛋量的物质基础。特别是日粮中粗蛋白质含量一定要保证，产蛋旺季应在20%以上。

④性欲：母鹅性欲强弱直接影响到产蛋量的多少。性欲强弱由体质强弱决定，受营养、温度、光照等因素影响。

母鹅产蛋多在清晨 2—10 时，产蛋量除受上述因素影响外，还受环境是否安静、喂料是否按时等影响。

2. 促进母鹅高产的措施

临近开产的母鹅有以下特征：羽毛紧凑有光泽，尾羽平直；后腹宽大而下垂、松软且有弹性、耻骨间距宽；喜欢吃矿物饲料如贝壳、田螺壳、石灰石等；母鹅在公鹅身边点头寻求交配，行动缓慢、性情温顺。此时在管理上抓好以下几点：

①公母比例合理，嬉水促“性”：公母合理搭配，每天放到江河塘中嬉水，促进鹅的“性”头，并提高种蛋受精率。一般种鹅公母比 1∶(5～7)。公鹅对母鹅有性刺激作用，可促进产蛋鹅的性机能。

②荤素兼食：除放牧让鹅到田间、沟渠、草地觅食外，应补喂混合饲料，保证粗蛋白含量不少于 20%。坚持加喂夜餐。

③补充光照：光照能促进多产蛋。如果自然光照达不到 13～15 小时，需人工补充光照。办法是在鹅舍内每 10 米^2 装一盏 60 瓦的电灯，灯离地面 1.5～2 米。

④精心管理：按照不同阶段供给日粮。放牧不要急行、远牧、逆水牧，避免过度疲劳与受惊。保持棚舍清洁、干燥、通风，地面铺细沙，设产蛋巢，每天勤捡蛋，减少蛋的破损。要学会“八看”。

看蛋形：如果蛋的大端偏小或小端偏尖，均应补料。

看蛋壳：蛋壳薄有沙眼、粗糙或软壳，应添喂贝壳粉、灰石等。

看产时：按时产蛋，说明喂料得当。如推迟产出，应补喂料。

看体重：产蛋一段时间后，如鹅体重不变，表示喂料合理。

看羽毛：鹅体羽毛光滑紧密贴身，说明饲料好。

看食欲：产蛋的鹅见饲料就围聚争食，表明食欲强，宜多喂。

看精神：健康高产的鹅精神活泼，行动灵活。

看嬉水：鹅下水惊慌，不愿洗浴，上岸后双翅下垂，行走无力，是产蛋下降的预兆，应及时补喂营养丰富的精料。

⑤正确进行人工强制换羽：鹅每到夏天就自然换羽 1 次，时间

为 60～120 天，换羽期不产蛋或产蛋很少，为此可进行人工强制换羽。

人工强制换羽的对象一般是 2 年以上的母鹅。具体做法分三步：一是停产限食，原来放牧的要停止放牧，原来不放牧的停产前 2 天只喂 2 次，饲料减半，第 3～4 天只喂给饮水和青嫩草菜，不喂饲料。二是拔毛，第 5～6 天鹅羽毛蓬松、开始脱落时，把母鹅的主翼和尾羽全部拔掉（如果羽毛还很紧，2～3 天后再拔），每天喂维持饲料。再过 7 天后小毛开始掉下，即逐步恢复喂给营养较高的饲料，由少到多，由粗到精，20 天左右完全恢复正常喂料。三是复壮，拔羽 7 天后，鹅双翅主翼及尾羽已开始重新着生，背胸羽已部分脱落，可恢复短途放牧或圈养，并喂给蛋白质含量为 15％的混合饲料，逐步恢复正常营养水平。30～50 天后，换羽完毕，恢复产蛋。

第七章　疫 病 防 治

第一节　鹅病综合性防治措施

要保证养鹅业的健康发展，必须高度重视鹅病的防治工作。在鹅病防治上，要坚持“预防为主”的方针，实施综合性防治措施。

一、养鹅场址的考察和选择

养鹅场址的考察和选择应该考虑这样一些因素：一是地理位置要有利于卫生防疫工作，水源充裕，水质优良，供电及交通方便；二是距离公路、铁路、旅客集散地、畜禽交易市场等应有适当距离；三是不容易受到现代工业污染；四是场地的地势要有利于防涝排水、污水处理及排放，以利环境保护；五是场内建筑物的布局要合理，生产区和生活区要严格划分，而且要适当距离，彼此间应用围墙隔离，严防闲杂人员随意进出而传播病原。

二、建立和实施有效的卫生管理

鹅场应建立各种规章制度，有专人管理，保证能够有效实施。场内不能再饲养其他畜禽，鹅场周围也不得饲养其他畜禽，清除各种可能传播疾病的媒介。同时要经常保持场内清洁卫生，防止虫、鼠、蚊、蝇的繁殖和蔓延。对出入鹅场的人员及车辆应做消毒工作，在进场口设立消毒池。建立兽医室、检验室、解剖室和尸体处理加工室等必要的设施和设备。对鹅场的粪便应合理处理，应建立污物处理及净化的必要设备，防止污染周围环境。外来运送饲料的车辆不能直接进入场内，场内应设置专用的饲料运输车辆及中转站和缓冲区。

三、建立和完善防疫检疫制度

预防接种是有效控制一些严重传染病如小鹅瘟、鹅巴氏杆菌病等的最好方法。应按免疫程序定期进行预防接种。

在从外地购进雏鹅或种鹅时，必须调查清楚产地的疫病流行情况、鹅群病史及疫苗使用情况，鹅群进场合群前必须实行严格检疫和隔离饲养。检疫的主要内容包括传染病、寄生虫等。对场内饲养的鹅群要定期进行预防接种和驱虫，防止传染病的发生和流行。一旦发生传染病，要及时做好隔离、消毒、尸体处理、封锁等工作。

四、建立科学、严格的消毒制度

对养鹅生产的相关环境要建立定期消毒制度。消毒的范围应该包括鹅舍、生活环境、孵化室、育雏室、饲养工具、贮藏室等。在通往生产区的进出口处应设立消毒池、洗手间、更衣室等。养鹅场内的环境消毒，一般应每个月消毒一次，在传染病发生时，应及时采取措施随时消毒。

鹅舍内应保持干燥，平时应每周喷雾消毒一次，每批鹅群出售或宰杀后进行彻底消毒。

孵化室应在孵化前和孵化后各进行一次彻底消毒。育雏室消毒应在入雏前及出雏后各彻底进行一次。

五、开展疫病监测工作

监测内容包括病原检测和免疫抗体检测。病原检测方面应重点开展禽流感等重大疫病的检测，以便掌握鹅群疫病动态，及时采取防治措施。开展免疫抗体检测，便于及时了解免疫效果，适时开展注射工作。

六、加强饲养管理，增强鹅群抗病力

对鹅群良好的管理，可以有效增强鹅体的抗病能力，是预防各种疾病的重要措施和使疫苗免疫获得良好效果的前提条件。注意鹅群的饲养密度，可有效预防呼吸道疾病的发生和传播。注意提供足够的料槽和水槽。注意日粮的合理配合，促进鹅的良好生长发育和减少各种营养性疾病的发生。在冬季，要注意保持室内干燥，勤添垫草，保持适宜温度，防止鹅群扎堆。

对饮水器、料槽应定期和及时清理，避免被鹅群践踏和粪便污染，从而有效防止水及饲料被污染。

七、合理处理病死鹅尸体

病死鹅的尸体如果处理不当，常常可能造成严重后果。因此，一般情况下应将病死鹅尸体深埋或烧毁。需做病原检验及病理解剖的，应送检验室，不能随意到处剖检，更不能随意丢弃。如果出现大批死亡，必须查明病因；如果符合加工利用的，应在动物防疫人员的监督和指导下，专门加工处理利用。

第二节 鹅的常见传染病防治

一、小鹅瘟

小鹅瘟是雏鹅的一种急性、败血性传染病，又称小鹅病毒性肠炎，是由扬州大学农学院方定一教授首先发现的。其临床表现主要为精神委顿、废食、严重下痢和出现共济失调等神经症状，典型的病变是小肠黏膜出现渗出性炎症，形成栓子堵塞肠道。

1.病原

病原为小鹅瘟病毒。在病雏的各内脏组织、脑和血液中含有大量病毒,病毒能在12～14日龄的鹅胚绒毛尿膜或尿囊腔内生长,经5～7天后可使鹅胚死亡并产生病变。死鹅胚剖检可见全身性充血、出血,呈鲜红色,在翅尖、喙、背、胸部和蹼等处出血明显,头水肿。

本病毒对外界不良环境有较强的抵抗力,加热56℃经3小时以后才死亡,在－20℃以下冰箱内可存活2年以上。

2.流行特点

小鹅瘟绝大多数发生于雏鹅,多为7～20日龄,最小为3日龄,最大为73日龄,5～15日龄雏鹅为高发日龄,发病率和死亡率均在90%以上。雏鹅的发病率和死亡率随着日龄的增大而降低,15日龄以上雏鹅病情比较缓和,有半数可能康复。

小鹅瘟在我国各省都曾不同程度地发生和流行。在同一地区,流行有一定的周期性,一般在大流行后的2～3年内不会再次流行,分析其原因,可能是耐过的种鹅能产生坚强的免疫力,并通过母源抗体使雏鹅形成被动免疫。另外,本病的流行有明显的季节性,通常在春夏期间,这与此阶段雏鹅大量出孵有关。

带毒鹅和病鹅的粪便及分泌物为主要的传染来源,消化道、呼吸道为传染途径。

3.临床症状

潜伏期3～5天,临床症状可分为最急性型、急性型和亚急性型三种类型。

①最急性型:1周龄内的雏鹅,无先兆症状而突然死亡,或一旦发现时已倒地乱划呈昏迷状态,不久死亡,几天内便蔓延全群,死亡率高。

②急性型:2周龄内的雏鹅常发生的一种病型。病鹅离群独居,厌食,食管部松软,排出黄白色含气泡或纤维碎片的液态粪便,

喙端色泽变暗，病程 1～2 天，临死前出现麻痹或抽搐现象。

③亚急性型：发生于 2 周龄以上的雏鹅，以委靡、呆立、厌食、拉稀和消瘦为主要症状，病程 3～7 天，也有少数能自愈，但生长不良。

4. 剖检

本病的主要病变在消化道，特别是其中的小肠部分。

死于最急性型的雏鹅，十二脂肠黏膜有急性卡他炎症，充血，呈弥漫红色，附多量黏液。

死于急性型的雏鹅，肠道常有特征性病变，在小肠的中段和下段特别是在靠近卵黄柄和回盲部的肠段，外观上极度膨大，质地紧实，像香肠一样，其中充塞着一种淡灰白色或淡黄色凝固的栓子状物，是由卡他性、纤维性炎症渗出物和坏死物包在食糜外而组成。有些病例在未形成典型的栓子前，已形成长条状、薄膜状、管状的假膜，里面是污绿色的食糜。另外肝、胆囊、肾、脾有不同程度肿大、充血等。

亚急性型的雏鹅，剖检病变与急性型大体相同，只是没有那么严重。

5. 诊断

小鹅瘟可根据以下几点进行诊断：

①流行特点：只有 1 月龄以内的雏鹅感染发病，成年鹅与其他家禽均不易感染。

②临床：严重下痢，排出黄白或黄绿色水样稀便，时有神经症状。

③剖检：小肠显著增大，内有袋子状或圆柱状的灰白色伪膜凝固栓子为本病特征。可多剖检几只做出初步诊断。

④实验室分析：采取病鹅肝组织磨碎做混悬液，加抗菌素无菌处理，接种 14 日龄鹅胚绒尿液，经 5～6 日龄后鹅胚死亡，吸取绒尿液证明无菌后，再接种有易感性雏鹅，同时用已注射抗小鹅瘟血

清雏鹅数只，接种同样量绒尿液对照，如果易感雏鹅死亡，对照鹅不发病，就可以确诊。

6.防治措施

各种抗生素和磺胺类药物对此病治疗均无效，因此，必须切实做好预防工作。

①病雏鹅及时隔离、消毒：防止污染环境。

②小鹅瘟疫苗注射：母鹅在开产前1个月，每只注射1毫升，注射2周后母鹅所产的种蛋孵出的雏鹅具有很强的免疫力，每年只需注射一次，保护率可达96%。

③小鹅瘟免疫血清注射：如母鹅没有进行免疫，雏鹅出壳3～5天内，要进行小鹅瘟免疫血清皮下或肌肉注射，预防量为每只雏鹅0.5～0.8毫升，保护率可达95%～100%。出现症状的病群，注射量为0.8～1毫升，一般治愈率达85%。

④孵化场地预防：孵化室和孵化器往往是小鹅瘟的重要传播场地，必须把好这个关口。种蛋和雏鹅最好是自繁自养。从外地购进时，种蛋应来自已免疫的产蛋鹅，同时搞好种蛋消毒。购进的雏鹅必须隔离饲养20～30天证明无病后，再与其他雏鹅混群。孵化用的所有设备和用具，在每次使用前后，都必须彻底消毒，并严格防疫卫生制度。一旦发现孵化场出去的苗鹅在3～5日龄发病，即表示孵化场已受污染，应立即停止孵化，待对房室、场地和所有用具进行彻底消毒后，再进行孵化。

二、鹅的高致病性禽流感

高致病性禽流感是由正黏病毒科流感病毒属A型禽流感病毒引起的以禽类为主的烈性传染病。世界动物卫生组织(OIE)将其列为必须报告的传染病，我国将其列为一类动物疫病。

1.流行特点

禽流感病毒的宿主广泛，鸡、鸭、鹅等家禽及野鸟、海鸟等均可感染。在鸭中分离到的病毒比其他禽类多。各种日龄的禽均可感染。

该病主要通过与患禽的直接接触和间接接触传染。此外，带毒的飞鸟或水禽常常成为传染源，引起家禽大批发病和死亡。

2. 临床症状

禽流感的潜伏期从几小时到3天不等，潜伏期的长短取决于感染病毒的毒力和剂量、感染途径、被感染禽的种别和禽体的状态。急性感染的禽流感无特定临床症状，在短时间内可见食欲废绝，体温骤升，呼吸道症状，下痢。后期出现神经症状，伴随大量死亡。

3. 病理变化

禽流感的病理变化因感染毒株毒力的强弱、病程长短和禽种的不同而变化不一。主要表现为头肿，肉髯、冠出血，小腿和趾部皮下出血，腺胃乳头出血及输卵管炎等。

4. 诊断

(1)病原学诊断：病毒分离需由国家规定的实验室完成。

(2)血清学诊断：目前用于禽流感检测的方法有禽流感病毒分离技术、琼脂扩散(AGP)试验、血凝抑制(HI)试验、神经氨酸酶抑制(NI)试验、酶联免疫吸附试验(ELISA)、病毒中和试验(SN)、反转录聚合酶链式反应(RT-PCR)、免疫荧光技术(IF)及核酸探针技术。其中血凝试验、血凝抑制试验和琼脂扩散试验是OIE推荐使用的方法。

5. 防治措施

本病目前无特效治疗药物，预防和控制本病主要依靠平时的综合性防疫措施。应重点做好以下几方面的工作：

(1)不从疫区引进种鸭、鹅，鸭、鹅苗以及种蛋，确需引进时，应详细了解当地的疫情，经严格检疫后引进。引进的鸭、鹅应隔离饲养一段时间，经检疫、观察无病发生，才能合群饲养。

(2)加强饲养管理,严格卫生消毒制度。对鹅舍、运动场、饲养管理用具及水池保持清洁卫生,定期用10%石灰水和5%漂白粉消毒。

(3)加强免疫。

①种鹅、蛋鹅的免疫:

初免:雏鹅14~21日龄时,用H5N1亚型禽流感灭活疫苗进行免疫。

二免:间隔3~4周,再用H5N1亚型禽流感灭活疫苗进行一次加强免疫。

加强免疫:以后根据免疫抗体检测结果,每隔4~6个月用H5N1亚型禽流感灭活疫苗免疫一次。

②肉鹅免疫:

初免:7~10日龄时,用H5N1亚型禽流感灭活疫苗进行初次免疫。

加强免疫:第一次免疫后3~4周,再用H5N1亚型禽流感灭活疫苗进行一次加强免疫。

③散养鹅免疫:春、秋两季用H5N1亚型禽流感灭活疫苗各进行一次集中全面免疫。每月定期补免。

④调运鹅免疫:对调出县境的种鹅或其他非屠宰鹅,要在调运前2周进行一次禽流感强化免疫。

⑤紧急免疫:发生疫情时,要对受威胁区域的所有易感家禽进行一次强化免疫。边境地区受到境外疫情威胁时,要对距边境30千米范围内所有县的家禽进行一次强化免疫。

对发生或检出禽流感变异毒株地区及毗邻地区的家禽,用相应禽流感变异毒株疫苗进行加强免疫。

鹅群一旦发病,必须严格按照国家有关规定进行处理,防止疫情扩散蔓延。

三、鹅的鸭瘟病毒感染

鹅的鸭瘟病毒感染也称鹅病毒性溃疡性肠炎，是由鸭瘟病毒引起的，具有传播快，流行快，发病死亡率高，并有一定的流行周期性的传染病。其临床症状表现为高热，排绿色稀粪，两脚麻痹，流泪等。病理剖检特征是血管损伤，组织出血，消化道黏膜某些特定部位有疹状损害，淋巴样器官出现特征性病变以及实质器官退行性变化。

本病于1963年国内首次报道，其后广东、广西、海南等省分别报道了鹅的鸭瘟病毒感染。

1. 病原

鹅的鸭瘟病原是一种疱疹病毒。该病毒对乙醚和氯仿敏感。经56℃10分钟病毒即被杀灭，但50℃需90～120分钟才能使病毒灭活。常用的消毒剂如75%酒精5～30分钟，0.1%升汞10～20分钟，0.5%漂白粉与5%生石灰30分钟对鸭瘟病毒有灭杀作用。对低温有较强抵抗力，－20～－10℃低温保存一年仍有活力。

2. 流行特点

本病的发生往往以与鸭共养或与鸭同一水域的鹅群发病居多。不同年龄、品种、性别的鹅均可感染。但以15～50日龄的鹅易感性最高。雏鹅发病多表现为急性死亡，迅速波及全群，死亡率可达80%左右。一般从发病到死亡的时间常为2～5天。成年鹅发病率低，一般极少死亡。

本病的传染源主要是病鸭、鹅以及带毒鸭、鹅。易感鹅与感染鸭、鹅的直接接触或者与污染环境的接触均能发生感染。

3. 症状

鹅感染鸭瘟病毒与鸭瘟症状基本相似。体温升高到42℃以上，精神沉郁，缩颈，羽毛松乱而无光泽，食欲大减甚至废绝，喜欢饮水。病鹅行动无力或两肢麻痹，个别病例翅膀下垂。流泪，眼结膜充血、出血，鼻孔内有大量浆液或黏液性分泌物，呼吸困难，经常表现出头往上仰，咳嗽，部分病例水肿。排出黄绿色、灰绿色或黄白色的稀粪，粪中带血，肛门周围被粪便污染。肛门水肿，泄殖腔黏膜充血，肿胀，严重者泄殖腔外翻，患病公鹅阴茎不能收回。一般在病后的 2～5 天死亡，有的可持续更长时间，死亡后倒提时，可从口中流出绿色发臭的液体。成年鹅多表现为产蛋下降、流泪、腹泻、跛行等症状。

4. 剖检

皮下有出血点或大小不一的出血斑。眼睑肿胀，充血，出血并有坏死灶。部分病例可见皮下结缔组织炎性水肿。口腔及食道有灰黄色假膜或出血点。嗉囊与腺胃交界处呈现环状出血或黄色假膜，剥离假膜可见出血斑或溃疡。肌胃角质下层、腺胃黏膜有大小不等的出血斑或出血点。十二指肠或小肠多见较严重的弥漫性充血、出血或急性卡他性炎症。直肠后段斑驳状出血或形成连片的黄色假膜。泄殖腔充血、出血、水肿，黏膜表面常覆盖有不易剥离的灰绿色坏死结痂，用刀刮有磨砂感。

心、肝、肾等实质器官表面有小点瘀血或出血。肝表面常有大小不等、形状不一的灰黄色或白色坏死灶或出血点，有的坏死灶化脓。脾脏大多不肿大，呈斑驳状变性。法氏囊黏膜水肿、出血，部分病例可见囊腔内充满血凝块。心内膜有出血点。

5. 诊断

病原的分离和鉴定

①标本采取：无菌采集急性死亡鹅的肝、脾、脑等组织，置于密封的无菌冷藏容器中，供病毒分离。

②病毒分离及培养：将病料研细磨匀后，用 10 倍生理盐水稀释，取上清液按每毫升各 1 000 国际单位的量加入青、链霉素。然后按每枚蛋 0.2 毫升的剂量接种 9～14 日龄鸭胚的绒毛尿囊膜，受感染鸭胚可能在接种后 4～10 天死亡。死亡胚胎出现明显水

肿、充血、出血。如果初次分离为阴性,可收获绒毛尿囊膜作进一步的盲目传代。

③病毒的鉴定:鸭瘟病毒为 DNA 病毒,对乙醚和氯仿敏感。可用已知血清作中和试验,以便进一步鉴定。

④动物接种:将病料按常规方法进行处理,然后取上清液 0.2～0.5 毫升接种于来自无特定病原体鸭群的 1 日龄雏鸭,注意雏鸭不带有母源抗体。一般在接种后 3～12 天可观察到发病及死亡情况。剖检时可见到典型的鸭瘟病变。

6. 防制措施

目前,本病尚无特效治疗药物。预防和控制本病主要依靠平时的综合防疫措施。应重点做好以下几方面的工作:

①不从疫区引进种鸭、鹅,鸭、鹅苗以及种蛋确需引进时,应详细了解当地的疫情,经严格检疫后引进。引进的鸭、鹅应隔离饲养一段时间,经检疫、观察无病发生,才能合群饲养。

②不与发生鸭瘟的鸭、鹅接种,避免鹅鸭共养或共饮同池水源或被鸭瘟病毒污染的饲料和饮水,少放牧,圈养可以减少感染机会。

③使用疫苗进行免疫接种。目前提供的苗有鸡胚化鸭瘟弱毒疫苗和大鹅瘟苗(鹅体内分离毒培育成苗)。注意使用鸭瘟疫苗时,剂量应是鸭的 5～10 倍,种鹅一般按 15～20 倍接种。

④加强饲养管理,严格卫生消毒制度,避免鸭瘟病毒污染各种用具物品、运输工具以及饲料、饮水等。对鹅舍、运动场、饲养管理用具及水池保持清洁卫生,定期用 10%石灰水和 5%漂白粉消毒。

⑤鹅群一旦发病,必须迅速采取严格封锁、隔离、消毒、毁尸及紧急接种等综合防疫措施。紧急接种应及早进行,可用鸭瘟疫苗或大鹅瘟疫苗(鹅体内分离毒培养成苗)等,可按下列剂量进行:15 日龄以下病鹅用鸭瘟疫苗 15 羽份剂量;15～30 日龄病鹅用 20 羽份剂量;30 日龄至成年鹅用 25～30 羽份剂量作肌肉注射。大鹅

瘟疫苗按说明书进行，同时配合严格隔离及对场地、用具等的彻底全面大消毒等手段，以尽快控制疫情蔓延。

⑥发病后应多喂青料，少喂粒料，同时可用口服补盐液代替饮水4～5天。饲料中应增加维生素的用量，同时使用适当的抗生素拌料或饮水，以预防继发细菌性感染。

四、鹅的副黏病毒病

1998年以来，我国江苏、广东等地的鹅群发生一种鹅的传染性疾病，经确诊为一种副黏病毒，这种病毒不同于鸡新城疫病毒。

1. 病原

该病毒为副黏病毒，能够引起10日龄SPF鸡胚死亡，鸡胚尿囊液具有较高血凝效价（达2^{10}左右），并能被康复鹅血清特异抑制。传代毒株接种鹅胚，可在48小时致死鹅胚，尿囊液血凝效达2^{10}，病毒不能致死鸭胚。能从病料中回收到病毒。

2. 流行特点

各种年龄的鹅均有易感性，年龄越小发病率越高，对10日龄以内的雏鹅具有高度的致死性，感染后其发病率和死亡率可高达100%；11～15日龄雏鹅感染后其发病率和死亡率也高达90%以上。随着鹅群日龄的增长，发病率和死亡率下降。产蛋鹅群感染本病后，除了发病死亡外，鹅群产蛋率大大下降。

3. 临床症状

不同日龄自然感染的病例，潜伏期一般3～5天，日龄小的雏鹅2～3天，日龄大的鹅3～6天。病程一般2～5天，日龄小的雏鹅1～2天，日龄大的雏鹅2～4天。患鹅发病初期拉灰白色稀粪，病情加重后粪便呈水样稀粪，带有暗红、黄色、绿色或墨绿色。患鹅精神委顿、无力，常蹲地，有的单脚不时提起，少食或拒食，体重迅速减轻，但饮水量增加。行动无力，浮在水面，随水流漂游。后期部分患鹅表现扭颈、转圈、仰头等神经症状。不死的患鹅，一般于发病后6～7天开始好转，9～10天康复。

4. 剖检

患鹅皮肤瘀血，肝脏肿大、瘀血，质地较硬，有些病例有数量不等、大小不一的坏死灶；脾脏肿大、瘀血，有芝麻大至绿豆大的坏死灶；胰腺肿大，有灰白色坏死灶；心肌变性；食道黏膜特别是下端有散在性芝麻大小、灰白色或淡黄色结痂，易剥离，剥离后可见斑点或溃疡；部分病例腺胃及肌胃充血、出血；十二指肠、空肠或回肠黏膜有散在性或弥漫性大小不一溃疡，淡黄色或灰白色纤维素性的结痂；结肠黏膜有弥漫性、淡黄色或灰白色芝麻大至小蚕豆大纤维性结痂，剥离后呈出血面或溃疡面；盲肠黏膜出血和纤维素性结痂；直肠黏膜和泄殖腔黏膜有弥漫性大小不一、淡黄色或灰白色纤维素性结痂；脑组织充血、瘀血。

5. 诊断

①病毒分离：主要使用鸡胚进行病毒分离。

②电镜观察：分离病毒具有典型的副黏病毒特征。

③血凝及血凝抑制试验：用于对病毒进行血清学鉴定。

6. 防制措施

对本病的防制除了要应用好控制传染病的一般规则外，在目前鹅主要是农村散养的条件下，关键措施是对鹅群使用灭活疫苗进行免疫接种，可有效预防该病的发生。

五、鹅流行性感冒

本病又称小鹅渗出性败血症或小鹅传染性气囊炎，特别是20日龄左右的小鹅易感。病原是鹅渗出性败血杆菌，临诊表现为呼吸困难，鼻腔流出大量的分泌物。发病率和死亡率较高，可达90%～100%。

1. 病原

为革兰氏阴性小杆菌，从病灶中新分离的菌株多呈球杆状或双球状，有时呈短链。无芽孢，不运动，着色较难，用碱性美蓝染色效果较佳。对一般消毒药物敏感，56℃ 5 分钟可灭活。

2. 特点

本病仅发生于鹅，对鸡、鸭均不表现致病性。各种年龄的鹅均可以感染，尤以 20 日龄左右的雏鹅最易感，成年鹅发病率较低。常于春秋两季发生。气候的突然变化，雏鹅受寒，长途运输或饲养管理不善，均可促使本病的发生或流行。

3. 临床诊断

本病的潜伏期很短，感染后几小时就可出现症状。

病鹅体温升高，精神委顿，食欲减少，羽毛蓬乱，缩颈倒地，流眼泪，呼吸困难，并时有鼾声，甚至张口呼吸，鼻腔不断流出大量浆液性分泌物。后期由于分泌物对鼻孔的刺激和机械阻塞作用，病鹅为了尽量排出鼻腔内黏液，常强力摇头，头向后弯，甩出鼻腔内分泌物。后期头脚发抖，站立不稳；严重者两脚麻痹，不能站立。死前多出现下痢症状。

4. 剖检

皮下组织出血。鼻腔内有浆液性或黏液性分泌物，气管、肺、气囊内有纤维素性分泌物。心内、外膜出血或瘀血，浆液性纤维素性心包炎。肝、脾、肾瘀血或肿大，有的脾表面散有粟粒状灰白色斑点，胆囊胀大。肠黏膜充血出血。

5. 诊断

需通过病原分离及鉴定来诊断。

无菌采集病鹅鼻咽分泌物或肝、脾、肾等组织。将病料直接接种于巧克力琼脂平板，37℃培养 24～48 小时，根据其菌落形态等进行鉴定。

6. 防治措施

(1)平时应加强对鹅群的饲养管理，饲养密度要适当，同时经常保持鹅舍通风良好，光线充足以及鹅舍和运动场地的干燥和清洁卫生。1月龄以内的雏鹅应特别注意加强防寒保暖措施，饲料，营养要合理配合，垫草和饮水应保持清洁卫生。

(2)在本病多发地区，鹅群用灭活菌苗进行预防接种，有良好预防效果。

(3)一旦发生本病，应迅速采取隔离、紧急消毒等措施，如是小群发病，最好扑杀病禽。对患鹅可用下列方法进行治疗：

①氯霉素：每只雏鹅肌肉注射12～15毫升，每日2次，连用2天。

②磺胺嘧啶钠：20%磺胺嘧啶钠肌肉注射，首次注射1毫升，以后每次加0.5毫升；或服用磺胺嘧啶片，首次口服1/2片(0.25克)，以后每隔4～6小时服用1/4片；或将磺胺嘧啶按0.2%～0.5%的比例拌入饮料中饲喂。

③青霉素：每只雏鹅注射2万～3万单位，每日2次，连用2～3天；或红霉素25～30毫克/千克体重连续2～3天。

④2%环丙沙星：预混剂250克，均匀拌入100千克饲料中；0.005%～0.01%氟哌酸混料，连喂2～4天。

⑤中药疗法：

处方1：红糖500克，车前草500克，加水5～7.5升，煎汁后将汁拌入饲料中，可供200～300只病鹅服用，日服2次，连服2天。

处方2：桔梗、紫苏各5克，柴胡、薄荷各10克，麻黄、甘草各2.5克，煎好100～200毫升，每只喂4～5毫升，每日2次，连服2天。

六、鹅腺病毒性肝炎

鹅腺病毒性肝炎是由腺病毒所引起的一种急性传染病。

1.临床症状

病鹅委靡不振，羽毛蓬乱，腹泻，粪便呈液体，含有尿酸盐混合物，个别暴发者伴有贫血和坏疽性皮炎。在实验感染情况下，潜伏期48～72小时。患病初期，部分鹅突然死亡，头3～5天死亡率较高，总的死亡率达10%～15%。

2. 防治措施

尚无有效治疗药物。可通过加强饲养管理，搞好卫生消毒来预防，如发病则采取隔离、封锁措施，进行控制。

七、鹅巴氏杆菌病

该病是鹅等家禽和野禽的一种以急性败血性及组织器官的出血性炎症为特征的传染病，常伴有恶性下泻症状，又名禽霍乱、禽出血性败血病、摇头瘟等。本病广泛流行于世界各地，是危害养禽业的一种严重传染病。

1. 病原

本病的病原体是禽型多杀性巴氏杆菌，菌体是近似于卵圆形的短小杆菌，革兰氏阴性，不形成芽孢，无鞭毛，不能运动。

该菌有16个血清型，其中有4个血清型与禽霍乱有关。血清型的鉴定，在流行病学、菌苗的制造和免疫工作上，具有重要的实际应用价值和理论研究意义。

该菌对理化因子的抵抗力较弱，在5%石灰乳、1%～2%漂白粉、3%～5%煤酚皂溶液中，经数分钟即被杀死，在60℃时10分钟即可灭活；在直射日光下很快死亡；在干燥空气中可存活2～3天；在血液、分泌液和排泄物中能存活6～10天；在腐败尸体中则能存活3个月。

该菌对青霉素、链霉素、土霉素、磺胺嘧啶、磺胺二甲氧嘧啶、痢菌净等多种药物均很敏感。

2. 流行特点

本病对鸡最易感，其次是鸭、鹅，火鸡、麻雀、啄木鸟、白头翁等家禽野鸟都能感染。不同年龄鹅都能感染，雏鹅、仔鹅最为敏感，在性成熟后开始产蛋时亦较易感。一年四季都能发病，一般以秋季9—11月流行较重，种鹅常见于春季产蛋期流行。

本病的主要传染来源是带菌的家禽。病禽的排泄物、分泌物中含有多量病菌，污染饲料、饮水、用具和场地，从而散播。其他动物，如人、飞禽（麻雀、鸽）、犬、猫等都能够机械带菌。

本病一般是经由消化道和呼吸道传染。另外，皮肤伤口也是传染途径。

本病在我国各地均曾有发生，发病率与死亡率都很高，危害很大。

3. 临床症状

病鹅表现的症状，因流行时期不同、鹅体抵抗力、病菌致病力的强弱而有不同，一般可分为：

①最急性型：常发生在刚开始暴发的最初阶段。病鹅无前期症状，晚上吃食正常，第2天即发现已死亡。有时病鹅表现突然不安，倒地后双翼扑动几下，随即死亡。

②急性型：随着疫病的发展而陆续出现。病鹅精神委顿、离群独处，头隐翅下，打瞌睡，不下水嬉戏，不食或少食，体温升高到41.5～43℃，口渴，由鼻和口中流出黏液，张口呼吸，剧烈下痢，排出绿色、灰白色或淡绿色的稀粪，恶臭，出现症状2～3天即死亡。

③慢性型：大多出现在疫病流行的后期，也有因急性不死而转为慢性。病鹅持续性腹泻，消瘦，贫血。有些病鹅关节发生炎性肿胀，表现跛行，切开肿胀部位见有豆腐渣样渗出物。慢性病鹅一般不会死亡，但对生长、增重、产蛋率有较大影响。

4. 剖检

最急性死亡病例，体表检查，只见眼结膜充血发绀，剖检特征是浆膜小点状出血，肝表面有很细微的黄白色坏死灶。

急性死亡病例，除上述典型病例外，皮肤上有散在的少数出血点，心外膜和心冠脂肪上有出血斑点。心包液增多，呈淡黄色透明状，有的也有纤维絮片状物，液体混浊。肝脏稍肿，呈土黄色，质地脆弱，表现有针尖状出血点和坏死灶。胆囊肿大，肠道黏膜呈现充血和出血性炎症，也有的肠段呈现卡他性炎症。肺有炎症、气肿和出血性病变，呼吸道黏膜有充血或出血性炎症，也有卡他性炎症。有的病例有气囊炎。

慢性病例多呈关节炎症，关节肿胀、关节囊壁增厚、关节腔内有暗红色混浊而黏稠的液体，有的关节腔内还有干酪样物质。肝脏一般有脂肪变性，或者有坏死灶。

5. 诊断

鹅一般缺乏特征性的临床症状，因此生前较难诊断。根据多种禽类都会感染的流行特点，结合病理解剖的特征性病变，可作出初步诊断，要确诊，还应进行实验室检验。

采取病鹅的肝、脾、心血抹片，染色后镜检，如见到两极染色的小杆菌即是巴氏杆菌。无菌操作从病鹅心血、肝、脾上取病料，进行细菌分离，接种在血清血红素琼脂培养基上，菌落呈蓝绿色边缘、橘红色荧光。无菌操作采取病鹅的肝、脾，制成混悬液，取0.5～1.0毫升，在小白鼠皮下或腹腔内接种，小白鼠常在1～2天内死亡，其心血或肝中也分离出巴氏杆菌，即可证实此病。

6. 防治措施

(1)加强科学饲养管理：在饲养管理过程中，要重视鹅的营养，搞好环境卫生，保持鹅的活动场所干燥、通风、光线充足，并要有足够的锻炼，提高鹅的体质，增强抵抗力。同时，严禁在鹅舍及鹅的活动场所附近宰杀病禽，严防污染环境、传播疾病。另外还要防止家禽混养，以免相互感染。

(2)药物预防：常发病地区可用禽霍乱氢氧化铝甲醛苗和禽霍乱弱毒疫苗进行预防接种，但免疫效果均不够理想，多年来一直是世界各国存在的问题。

禽霍乱氢氧化铝甲醛苗，对2月龄以上者，每次肌肉注射2毫升，第一次注射后，8～10天再注射一次，免疫效力较好。禽霍乱弱毒病苗，现在应用的有1560F_0菌苗，肌肉注射1毫升，7天后产生免疫力，免疫期可达6个月。

口服禽霍乱弱毒疫苗，一般饮用5天后产生免疫力，8天后产生强的免疫力，免疫期8个月。口服计量要根据每毫升所含有效菌数而定，故稀释倍数不能固定。为了使菌苗达到预期效果，使用时要注意以下各点：液体菌苗不可冰冻，也不可靠近热源及日光照射，应暂时放在8℃冰箱或水瓶中，疫苗取回应立即使用；曾用过抗生素或磺胺类药物防治的鹅群，应先停药5天后再用此菌苗，饮用前必须停水、停饲料4～6小时；在用菌苗饮水前，应训练鹅群在饮水器饮水，饮水器要充足，保证每只鹅均能饮到菌苗水；已发生过禽霍乱的鹅群用此法时，必须把不饮水的病鹅挑出来治疗，治愈后再饮水免疫。对体弱或有其他疾病的鹅一般不用此菌苗，或根据具体情况分析后认为可用再用。

其他弱毒菌苗，如807系菌苗（南京产）对2月龄以下的鹅，每次用量2亿活菌，于两次免疫后，80天攻毒保护率为100%，136天攻毒的保护率为60%。体质瘦弱的鹅或有易感染的幼鹅，不宜应用。

(3)药物治疗：成年鹅每只肌肉注射链霉素10万国际单位（100毫克），中鹅3万～5万国际单位，每隔6～8小时注射1次，连续3～6次，效果较好。也可用磺胺噻唑与磺胺二甲基嘧啶，每千克体重肌肉注射20%溶液0.5毫升（0.1 g），每天2次，连续3～5天，或每千克体重口服片剂0.2 g，均有效。土霉素、青霉素及其他广谱抗生素均有一定疗效。

八、大肠杆菌性腹膜炎

本病是由埃希氏大肠杆菌所引起的一种传染病。2周龄以内的雏鹅多发，呈败血性传染。本病也可感染成鹅，成鹅患该病又称母鹅卵黄性腹膜炎,是产蛋母鹅常见的疾病。由致病性埃希氏大肠杆菌引起产蛋母鹅的卵巢、卵子和输卵管感染,导致母鹅发生卵黄性腹膜炎。该病对成鹅而言流行于产蛋期间,可使母鹅产蛋率明显下降,并发生死亡,具有较强的传染性;产蛋停止,本病流行也告终止。

1. 病原

大肠杆菌是一种革兰氏阴性不形成芽孢的杆菌。许多菌株能运动,周身有鞭毛。大肠杆菌能在普通培养基上于18～44℃或更低的温度中生长,菌落圆而隆凸,光滑、半透明、无色,直径1～3毫米,边缘整齐或不规则,呈颗粒状结构。大肠杆菌在肉汤中生长良好,在麦糠凯琼脂平皿上形成红色菌落。

2. 流行特点

本病的传染源主要是病鹅和带菌鹅,它们的尸体和粪便随时会污染饲料、饮水、池塘、饲养场地和饲养工具等。健康雏鹅很容易感染上大肠杆菌,一般通过消化道或呼吸道进入体内,但不一定立刻发病。当机体抗病力降低,或患有其他疾病时,寄居在体内的细菌会乘机进入血管,随血流分布全身,引起败血症或其他病症。

当鹅不清洁,鹅群在污秽的浅水塘内交配,公鹅的外生殖器发炎溃烂等,都会引起本病的传播。外生殖器有病变的公鹅越多,鹅群疫病也趋严重,说明本病的传染途径主要是通过交配传播。本病只在产蛋母鹅中流行,其死亡率占母鹅总数的10％～20％。

3. 症状

病母鹅发病后的表现可分为急性型和慢性型两种:

(1)急性型:主要为败血性,发病急,死亡快,食欲废绝,渴欲增加,体温可比平时高1～2℃。

(2)慢性型:病程3～5天,有时可长达10余天。病鹅表现精神不振,食欲减少,无渴欲。呼吸困难,气喘,发出呼吸声,喜卧,站立不稳,头向下弯曲,嘴触地,口流清水,排黄白色稀便,肛门周围沾满粪污。病鹅快速奔跑，伸颈随即死亡。

4.剖检

成年母鹅特征性病变是卵黄性腹膜炎，腹腔内有少量淡黄色腥臭的混浊液体，混有破损的卵黄，腹腔内脏器官表面覆盖淡黄色凝固的纤维素性渗出物，肠系膜相互粘连，肠浆膜上有出血小点，卵巢萎缩。腹腔中卵黄存在时间长久则凝固成硬块，切面呈层状。破裂的卵黄则凝结成大小不等的小块或碎片。

病鹅尸体消瘦；气管内有黄白色泡沫样渗出液、肺水肿、肝脏肿胀、质脆、淤血，表面有针尖大的出血点及灰黄色坏死点。十二指肠黏膜充血，呈淡红色，并有轻度出血。肾水肿，质脆。

输卵管黏膜发炎，有针尖状出血点和淡黄色纤维性渗出物沉着，管腔中也含有黄白色的纤维素性凝片。公鹅的病变仅局限在外生殖器部分，表现为阴茎肿大，表面有芝麻至黄豆大的小结节，里面是黄色脓性渗出物或干酪样坏死物质。严重病鹅的阴茎脱垂外露，表面有黑色坏死结节。

5.病原学诊断

确诊须进行细菌的分离培养和血清型鉴定，也可做药敏试验，为防治提供依据。

(1)病料采集：由于鹅大肠杆菌病具有多种类型的症状和病变，因此，病料采集必须根据其病变类型而定，采集典型的病变器官作为细菌分离材料。

(2)分离培养：用无菌操作取病料直接在麦糠凯琼脂平皿或在伊红-美蓝琼脂平皿划线培养，放置37℃温箱培养24小时。大肠杆菌在麦糠凯琼脂平皿上生成亮红色菌落，并向培养基内凹陷生长，菌落较大，表面光滑，边缘整齐。在伊红-美蓝琼脂平皿上大多数呈特征性的黑色金属闪光的较大菌落。每个病例可从分离平皿挑选3～5个疑似菌落，分别接种于普通斜面供鉴定之用。

(3)生化鉴定：将疑似为大肠杆菌纯培养物作生化反应，能够迅速分解葡萄糖和甘露醇，产酸，一般在 24 小时内分解阿拉伯糖、木胶糖、鼠李糖、麦芽糖、乳糖；不分解侧金盏花醇和肌醇；能产生靛基质，不产生尿素酶，不产生硫化氢。凡符合上述生化反应的，就可确定为埃希氏菌属成员。

(4)动物接种试验：取分离菌液口服或腹腔注射易感雏鹅，若鹅表现出与自然病例相同的症状及病理变化，又从病死鹅中分离到大肠杆菌即可确诊。

6. 防治措施

最好是用发病鹅分离的大肠杆菌株来制备多价疫苗进行免疫，可有效地控制本病的发生。

平时加强鹅群的消毒卫生措施。对公鹅要逐只检查，将外生殖器上有病变的公鹅剔除，以防止传播本病。

(1)鹅舍通风良好，密度适当，排除各种应激因素，选择优良的消毒剂，如百毒杀、过氧乙酸、菌毒王等及时进行消毒，以减少空气中的大肠杆菌含量，同时还应进行药物预防和免疫接种。平时应搞好场地卫生，经常消除粪便，更换垫料，并可用 1∶300 抗毒威或 1∶800 百毒杀定期消毒，有疫情时应用 2%烧碱对场地消毒，每天 1 次，连用 7 天，以彻底消灭病原，对放养鹅的专用塘水、河流，也应定期进行饮水消毒；有疫情时，除加强消毒外，还应对污染的鱼塘或水源要求更换新水并再消毒，把水中的致病菌降低到最低限度。经药敏试验，该菌对环丙沙星、诺氟沙星、卡那霉素高度敏感；对痢特灵、庆大霉素中度敏感；对青霉素、链霉素、氯霉素、四环素、强力霉素、红霉素不敏感。

(2)对病鹅应隔离治疗，可注射卡那霉素，每天 2 次，连续 3 天。对大群鹅可用 0.005%(即 10 千克料中加药 0.5 克)环丙沙星混料投服，菌克星每瓶加水 25 千克或一服灵、949 每瓶加水 50 千克饮服，连用 3～5 天；或用卡那霉素注射，每千克体重 30～40 毫克；0.005%～0.01%诺氟沙星拌料喂服 3～5 天，疗效显著。

九、沙门氏菌病

沙门氏菌病又称副伤寒，是由沙门氏杆菌属中的鼠伤寒沙门氏菌、肠炎沙门氏菌引起的急性或慢性传染病，以下痢为主要症状，鹅和各种家禽都能感染。为了与引起鸡白痢、鸡伤寒的沙门氏菌病相区别，该病又叫禽副伤寒。

1.病原

本病的病原体是沙门氏菌属的多种菌。引起禽副伤寒的沙门氏菌，常见的有六七种，最主要的是鼠伤寒沙门氏菌。病原菌的种类常因地区和家禽种类的不同而有差别。

引起鹅副伤寒的病菌，抵抗力不很强，在60℃温度下15分钟即失去致病作用。病菌在土壤、粪便和水中生存时间很长，如鼠伤寒沙门氏菌在土壤中至少可生存280天，在池塘中也能存活119天，在饮水中能够生存数周乃至3个月之久。有些沙门氏菌在蛋壳表面、壳膜和内容物里，在室温条件下可生存8周。一般消毒药物都能很快杀死鹅副伤寒病菌。

2.流行特点

本病在鸡、火鸡、珍珠鸡、野鸡、鹌鹑、孔雀等雉科禽类，鸭、鹅等游禽类，鸽、麻雀、芙蓉鸟等鸣禽类，以及属于不同科属的野禽均可感染，并能互相传染，也会传染给人类。

本病在自然条件下，主要侵害雏禽。雏鹅患病呈急性或亚急性，成年鹅则呈慢性或隐性感染。

本病的传染源主要是患病和病愈带菌并排菌的禽只。带菌鹅所产的蛋，由于被沙门氏菌污染，孵化时使胚胎多数死亡，少数未死亡的，出壳后发病并排出病菌，污染外界环境，将病传播开。主要传染途径是通过消化道，引起水平传播。其次，通过种蛋，引起垂直传播。带菌鹅所产的种蛋，孵化时可使胚胎死亡或雏鹅出壳十几小时后发病，4～14日龄内出现死亡高峰。

本菌为条件性的病原菌，在清洁的饮水、饲料，甚至在健康鹅的消化道或呼吸道中都有存在。当机体抵抗力降低、环境诱因变大、其他疾病并发时，会造成发病或流行。

3. 临床症状

急性者多见于幼鹅，慢性者多见于成年鹅。潜伏期一般为12～18 小时，有时稍长。急性病例常发生在孵化后数天内，往往不见症状就死亡。这种情况多是由卵内传递或雏鹅在孵化器内接触细菌感染。雏鹅 1～3 周易感性高，表现为精神不振，食欲减退或消失，口渴，喘气，呆立，头下垂，眼闭，眼睑浮肿，两翅下垂，排粥样或水样稀粪，当肛周粪污干涸后，则阻塞肛门，排便困难，结膜发炎，鼻流浆液性分泌物，羽毛蓬乱，关节肿胀疼痛，出现跛行。

4. 剖检

急性病例中往往无明显的病理变化。病程较长时，肝肿大、充血，呈古铜色，表面被纤维素渗出物覆盖，肝实质有黄白色针尖大的坏死灶。肠道有出血性炎症，其中以十二指肠较为严重，肠淋区滤泡肿大。脾脏肿大，伴有出血条纹或小点坏死灶。胆囊肿胀并充满大量胆汁，心包内积有浆液性纤维素渗出物，盲肠内有干酪样物质形成栓塞。在慢性病例中，表现为腹腔积水，输卵管炎及卵巢炎。

5. 诊断

本病缺乏特征性的病状与病变，诊断较难。根据病史，雏鹅在育雏阶段常发生死亡，有下痢症状，但发病率、死亡率低于小鹅瘟，没有小鹅瘟那样的香肠般病变，可用抗生素类药物治疗，获得印象诊断。确诊必须进行实验室检查，分离并鉴定它的病原菌。急性病例可从血液或实质器官中采取病料，慢性病例则可从胆囊、卵巢、蛋黄中采取病料。只有分离到沙门氏菌才能确定诊断。

6. 防治

①防止蛋壳污染：保持产蛋箱内清洁卫生，经常更换垫料。每

天定时及时拣蛋，做到箱内不存蛋。每天的种蛋及时分类、消毒后入库。蛋库的温度为12℃，相对湿度为75%。要做到经常性消毒，保持蛋库清洁卫生。种蛋入孵前再进行1次消毒。孵化器和孵化室的卫生防疫消毒工作非常重要，要制定相应的制度，闲人免进，做到室内无病毒、无细菌。

②防止雏鹅感染：接运雏鹅用的箱具、车辆要严格消毒。育雏舍在进雏前，对地面、空间和垫草要彻底消毒，雏鹅的饲料和饮水中加适量抗菌药。消灭鼠类和蚊蝇，防止麻雀等飞进育雏舍。

③加强雏鹅阶段的饲养管理：育雏舍内要铺置干燥清洁的褥草，要有足够数量的饮水器和料槽。舍内温度在1周龄内要保持28～30℃，以后每增加1周龄舍温下降2℃。雏鹅不要与种鹅或育肥鹅同栏饲养。冬季注意防寒保暖，夏季要避免舍内进入雨水，防止地面潮湿。

④治疗：土霉素、氯霉素、痢特灵等对本病均有良好的治疗效果。用药量和用药的途径，可依据病情而定。

十、鹅结核病

由禽型结核杆菌引起的慢性传染病——结核病，也能传染给鹅，且多流行在种鹅群中。

1. 病原

禽型结核杆菌，属抗酸菌类，普通呈杆状，两端钝圆，无运动力，不形成芽孢。这种病菌对外界环境的抵抗力很强，在干燥的分泌物中能够数月不死，在土壤和粪便中能够生存7～12个月。

该病菌的消毒药，以酒精、福尔马林、漂白粉及臭药水的效果较好。其中，以酒精最佳，75%酒精能在短时间内将其杀死。

2. 流行特点

禽型结核杆菌在家禽中，以鸡的易感性最高，火鸡、鸭、鹅也都能感染，但并不严重。其他鸟类，如麻雀、孔雀、天鹅及猫头鹰等，也有发病的报道。这种病菌也能感染猪、牛，但对于人尚无感染发病的报道。

病禽的排泄物、分泌物中含有多量结核杆菌，排出后污染土壤、垫草、用具、饲料和饮水，当健康禽摄食后，病菌侵入消化道而发生感染。该病也可以通过呼吸道感染。内外环境的诱发因素，能促进本病的发生和发展。

3. 临床症状

结核病的潜伏期很长，2～12 个月。疾病的发展很慢，早期感染一般看不见明显症状。由于鹅对结核菌的抵抗力比鸡、鸭强，所以患病后较难察觉。待疾病发展到一定程度时，病鹅上喙部在鼻孔周围有疮节状隆起，从内向外渐渐发展，最后使角质层、真皮层也隆起，使喙表面破溃，溃疡面呈火山口状，内有干酪物，上喙内侧也向下隆起。病鹅表现离群独处，喜卧厌动，步态不稳，叫声嘶哑，胸肌萎缩，龙骨如刀，精神委顿，羽毛蓬松无光，食欲减退，但喜食米糠之类精料，消瘦。病程可达数月，最后因极度衰弱而死亡。

4. 剖检

本病在剖检时，主要病变是在肝、脾、肠及肺等器官。特征性的病变是在脏器表面有灰白色或黄色的小结节，叫结核结节。结节的大小不一，小的针尖样，大的绿豆及至蚕豆般。将结节切开，外面包裹一层纤维组织性的包膜，里面充满一种乳白色干酪样物质，通常并不发生钙化。有的病鹅肺上长有许多结核结节，似珍珠嵌在蚌肉上一样。

5. 诊断

鹅结核病仅凭临床症状，不易作出诊断。如认为可疑，可以选症状明显的病鹅进行剖检。根据特征性的结核结节可作出初步诊断。有条件的，可以采取病鹅肝、脾组织，制成涂片镜检，也可取病料接种于含蛋黄和甘油的培养基上，在 40℃ 培养 30 天后，出现圆形、光滑、湿润、有闪光的灰黄色菌落，然后再做涂片染色镜检。

6.防治措施

种鹅患结核病，药物治疗没有实际价值，应予以隔离、淘汰，做烧毁或深埋处理。同时，对于鹅舍、用具等也应彻底清洗消毒。对于运动场，应铲去20厘米厚的一层表土，让日光充分晒后，撒一层生石灰，然后铺一层干净沙土。最好重新换个场地，建立无结核病的健康鹅群。

十一、鹅葡萄球菌病

鹅葡萄球菌病又称为传染性关节炎。其特征表现是：化脓性关节炎、皮炎、滑膜炎、龙骨黏液囊炎。该病常见于幼鹅，死亡率可达50％，常呈急性败血症。

1.病原

病原菌是金黄色葡萄球菌，该菌在自然界分布很广，空气、饲料、饮水、地面、物体表面等都会有本菌，动物的皮肤、黏膜、肠道、扁桃体以及乳房等也有本菌，常引起动物各种化脓性疾病。

该菌的抵抗力较强，在干燥的脓汁或血液中可生存数月，80℃30分钟才能杀死，煮沸可迅速杀灭，一般消毒药物中石炭酸的消毒效果较好，3％～5％石炭酸3～15分钟内可杀死菌体。70％乙醇在数分钟内杀死本菌。金黄色葡萄球菌对磺胺类、青霉素、金霉素、土霉素、红霉素、新生霉素等抗生素敏感。

2.流行特点

各年龄的鹅均易感染，其中幼鹅在长毛期感染最容易，其他家禽也可感染。

传染途径主要是经伤口感染，也可通过口腔和皮肤感染。

流行形式主要呈散发型。本病一年四季均可发生，尤以天气闷热的雨季、空气潮湿季节发病较多。发病原因主要是由于不良的卫生环境、不科学的饲养管理方法、外伤等引起。

3. 症状

根据感染葡萄球菌的程度和部位常分为如下几种症状：

败血症：病鹅表现精神委顿，嗉囊积食，食欲减退或不食，下痢，粪便呈灰绿色，胸、翅、腿部皮下有出血斑点，足、翅关节发炎、肿胀，病鹅跛行。有时在胸部或龙骨上出现浆液性滑膜炎。一般发病后 2～5 天后死亡。

关节炎：由于皮肤、腱及韧带的损伤而被葡萄球菌感染。常见于胫、跗关节。表现关节肿胀，热痛，跛行不愿行走，卧地不起，有时在胸部龙骨上发生浆液性滑膜炎，最后逐渐消瘦并死亡。

脐炎：由于葡萄球菌感染雏鹅脐部而发病，病雏鹅表现腹部膨大，脐口发炎，有臭味，流出黄灰色液体。

4. 剖检

败血症：全身肌肉皮肤、黏膜发生水肿、充血、出血；肾脏肿大，输尿管充满尿酸盐；关节内有浆液或干酪样渗出物，腱鞘和滑膜水肿、增厚，内有多量浆液性或浆液性纤维素渗出物；龙骨部及翅下、四肢关节周围的皮下呈浆液性浸润或皮肤坏死，甚至化脓，破溃；实质器官充血，肿大，同时有卡他性肠炎。

亚急性：关节囊中的渗出物呈化脓性或发生干酪化。

慢性：关节肿胀，关节软骨糜烂，易脱落，关节周围的纤维素渗出物发生机化，肌肉萎缩。

脐炎：卵黄囊肿大，卵黄呈绿色或褐色。腹膜炎，腹腔内器官染成灰黄色。脐口局部皮下有胶样浸润。

5. 诊断

病原分离和鉴定　根据不同病情采取病料进行涂片，经染色后在显微镜下观察，可见多量的典型葡萄球菌存在。但在脓汁、渗出液中常呈单个、成对或短链状。有时菌数很少，因此，需要进行分离培养鉴定，作划线分离的培养基，常用兔血液琼脂平板，如病料污染时，可用高浓度的 NaCl、1％甘露醇加指示剂（酚红）的琼脂培养基分离培养，该菌经 37℃ 24 小时培养后在普通琼脂平皿上可见表面光滑、湿润、隆起的圆形的橘黄色菌落，在兔鲜血琼脂培养基上还可见溶血现象，将分离到的菌落可做进一步鉴定检查。

①凝固酶实验：凝固酶试验呈阳性的为致病菌。

②在普通琼脂培养基上生长为金黄色致病菌。

③在兔鲜血琼脂培养基上可见溶血环为致病菌。

动物试验　家兔皮下注射 24 小时的纯培养物 1 毫升，可引起家兔局部皮肤溃疡、坏死，静脉注射 0.1～0.5 毫升，可于 24～48 小时死亡。解剖可见浆膜出血，肾脏、心脏及其他脏器有大小不同的脓肿。

鹅葡萄球菌病的血清学诊断　鹅葡萄球菌病的血清学诊断还未被作为本病的常规诊断方法，但微量凝结试验已有报道。

6.防制措施

由于该病原菌广泛存在于自然界中，因此，预防本病主要是做好平时的预防工作。一是要清除产生外伤的因素，保持笼、网等的光滑平整；二是要搞好环境卫生，并定期消毒，加强饲养管理，防止拥挤，注意通风等；三是一旦发现该病要及时隔离治疗或淘汰，对大群投药治疗或预防各种抗生素对本病都有较好的疗效。但由于抗药性的菌株较多，在临床上用药要经常交替使用。

治疗：

①青霉素：按雏鹅 1 万单位，青年鹅 3 万～5 万单位肌肉注射，4 小时一次，连续 3 次。

②磺胺二甲氧嘧啶：用 0.4％～0.5％混饲料喂；0.1％～0.2％溶在饮水中饮用；内服按 0.1～0.2 克/千克。

③氯霉素：20 毫克/千克肌肉注射或内服，1 天 2～3 次。

④复方泰乐菌素：2 毫克/千克水中，连用 3～5 天。

⑤土霉素:30～40 克/升,内服。

⑥新生霉素:每千克饲料或饮水中加入 0.5 克,连用 5 天。

⑦庆大霉素和卡那霉素每只 1 万单位放入饮水,连用 3～5 天。

⑧红霉素:每只每天可用红霉素 40 毫克肌肉注射或饮水,连用 5 天,可减少死亡。

十二、鹅李氏杆菌病

鹅李氏杆菌病是由李氏杆菌所引起的鹅的一种散发性败血性疾病。

1.病原

病原为产单核细胞李氏杆菌,这是一种革兰氏阳性的小杆菌。本菌 pH 5.0 以上才能繁殖,至 pH 9.6 仍能生长。对食盐耐受性强,在含 10%食盐的培养基中能生长,在 20%食盐溶液间能经久不死。对热的耐受性强,常规巴氏消毒法不能杀灭它,65℃经 30～40 分钟才能杀灭。一般消毒药都易使之灭活。

2.流行特点

家禽在自然发病过程中,以鸡、鹅较多见,鸭较少见。许多的哺乳动物也可感染发病。本病为散发性,一般只有少数发病,但病死率很高,一般幼雏较易感,发病较急。该病传播途径还不完全清楚。自然感染可能是通过消化道、呼吸道、眼结膜以及皮肤破伤等途径,饲料和水可能是主要的传染媒介。冬季缺乏青饲料,天气骤变,有内寄生虫或沙门氏菌感染时,均可成为本病发生的诱因。

3.症状

病鹅表现败血性感染症状,精神沉郁,有时死亡。某些病禽呈中枢神经损伤的症状,最常见的是斜颈。

4. 剖检

心肌和肝脏有小坏死灶或广泛坏死，败血变化。

5. 诊断

①临床及剖检变化。

②细菌分离培养、鉴定。

6. 防治

尚无人工免疫方法用于本病的预防。生产中应避免将健康鹅养在患病鹅舍内，避免与患本病的其他禽、畜接触，可以起到预防作用。对于病死鹅及其他禽、畜要深埋或火化，被污染的环境要消毒。注意消灭鼠类，搞好环境卫生。李氏杆菌对大多数抗生素有抵抗力，尤其在低浓度时。治疗时高浓度的四环素是首选药。

十三、鹅衣原体病

鹅衣原体病又称鹦鹉病、鹦鹉热或鸟疫，是由鹦鹉衣原体所致的一种接触性的传染病。

1. 病原

是由鹦鹉热衣原体引起的，它对高温抵抗力不强，在低温下存活时间较长，4℃可存活 5 天，0℃可存活数周。0.1％福尔马林、0.5％石炭酸在 24 小时内，70％酒精数分钟、3％过氧化氢片刻，均能将其灭活。

2. 流行特点

该病原体对各种家畜、家禽均有致病性，病畜（禽）和带菌者是本病的主要传染源。该病可经消化道或呼吸道及眼结膜感染，也有人认为厩蝇、蜱可传播本病，发病季节不明显，关闭而密集的饲养、运输途中拥挤、营养扰乱等应急因素可促进本病的发生和发展。

3. 临床症状

急性感染的病鹅食欲丧失并腹泻，肠排泄物呈绿色水样，在眼及鼻孔周围有浆液性或脓性分泌物，并在眼周围的羽毛内结痂。病鹅发生明显的消瘦和肌肉萎缩。病后期或急性感染时，小鹅常出现颤抖、步态不稳和恶病质，在痉挛中死亡。有的病鹅表现流泪和鼻液。

4. 剖检

脾肿大、肝肿大，有坏死灶。气囊发炎，呈现云雾样混浊或有干酪样渗出物，常有纤维素性心包炎，有的有严重肠炎病变。

5. 诊断

①根据流行特点、临床诊断及剖检变化进行初诊。

②间接血凝试验。

6. 防治措施

加强饲养管理，搞好鹅舍内的环境卫生，把鹅养在远离病原的地方。引进禽类要严格检疫。发现病鹅立即隔离，一旦确诊应在同群鹅内进行药物治疗，并对邻近禽做检疫，监察疫情是否扩散。尽可能防止野禽传播病原。大规模治疗鹅群宜用四环素（或土霉素）每千克饲料加 0.2～0.4 克，连喂 1～3 周。氯霉素可按每只鹅 0.1 克混入饲料，连喂 10 天。

十四、鹅螺旋体病

鹅螺旋体病是由鹅包柔氏螺旋体菌所引起的一种发热、败血性传染病。

1. 临床症状

最急性型病鸭未见明显症状而突然死亡。急性型病鹅体温升高到 42～43℃，食欲减退或废绝，饮欲增加，精神委靡，肌体消瘦，嗜眠怕动，贫血，拉水样粪便，甚至出现神经症状，如走路摇摆、不能站立、麻痹瘫痪;死亡率可达80%。在产蛋鹅中发生时,产蛋量迅速下降,乃至停止。

2.防治

关键是消灭禽蜱,一般用0.5%马拉硫磷水溶液,喷洒鹅舍,包括屋顶、墙、栏和所有木制设备,要注意不可喷在禽体上。或用浓度为25～50毫克/升的溴氢菊酯溶液,进行喷洒或刷点,可灭机体上的蜱。治疗可用青霉素肌肉注射,成年鹅每只4万～6万单位,每日3次,两天为一疗程。也可用土霉素肌肉注射,每千克体重0.05～0.1克,每日1次,连续2天。

十五、鹅曲霉菌病

曲霉菌病见于多种禽类,是一种常见的霉菌病。各种禽类都能感染,发病率高,可造成大批死亡。其特征是呼吸道发生炎症,所以又称曲霉菌性肺炎。鹅主要发生于幼龄雏鹅,多呈急性发生,成年鹅多为散发。本病在我国南方发生较多。

1.病原

曲霉菌属中的烟曲霉菌为主要病原菌,黄曲霉菌等也有不同程度的致病力。霉菌和它所产生的孢子,在自然界中分布甚广,稻草、谷物、木屑、发霉饲料以及墙壁、地面、用具及空气中都可能存在。烟曲霉菌和它的孢子感染后能分泌血液毒、神经毒和组织毒,具有很强的危害作用。霉菌孢子对外界抵抗力很强,120℃、1小时或煮沸5分钟才能杀死。一般消毒药液1～3小时才能致死。

2.流行特点

幼鹅极易感染,常呈急性暴发,成年鹅个别发生。出壳后的幼鹅进入被烟曲霉污染的育雏室后,48小时开始发病,3～10日龄流行高峰期,以后逐渐减少,到1月龄时基本停止发病。如饲养管理条件差,流行死亡可延续2月龄。烟曲霉孢子是引起本病流行的主要传染源。在污染环境中，鹅的带菌率很高，迁出污染环境后，带菌率逐步下降，到40天，霉菌在体内基本消失。传播途径是通过呼吸道和消化道。育雏期饲养管理差，室内温差大，通风换气不良，过分拥挤，阴暗潮湿及营养不良，皆为促使本病流行的诱因。

3. 临床症状

病鹅呼吸次数增加，不时发出摩擦音，张口吸气时颈部气囊明显胀大，呼吸如同打喷嚏样。当气囊破裂时，呼吸时发出尖锐的“嘎嘎”声，有时闭眼伸颈，张口喘气。同时，体温升高，精神委顿，眼鼻流液，有甩鼻涕现象，食欲减少，饮欲增加，迅速消瘦。到后期，呼吸困难，出现下痢，吞咽困难。病程一般在1周左右。发病后如不及时采取措施，死亡率可达50%。放牧鹅对本病抵抗力较强，有时有霉菌性眼炎。鹅的日龄越大，病程越长，死亡率越低。

4. 剖检

主要病变是肺和气囊炎症，气囊和胸腹腔粘着，在肺、气囊和胸腹腔上可见到成团的灰白色或浅黄色的霉菌斑、霉菌结节，其内容物呈干酪样变化。肺可见弥漫性炎症，出现肺肝变。脑炎性霉曲病，可见一侧或双侧大脑半球坏死，组织软化，呈淡黄或淡棕色。

5. 诊断

临床上无特征性症状，仅表现为呼吸困难。病理剖检见肺、气管、气囊上有霉菌结节性病灶，并伴发肺炎。确诊时需取结节病灶做压片镜检菌丝体和孢子，也可取霉菌结节进行分离培养。

6. 防治措施

不使用发霉垫料，不喂发霉饲料，是预防本病的主要措施。

十六、鹅口疮

本病又称鹅念珠菌病或霉菌性口炎，是由白色念珠菌引起鹅和其他家禽上消化道的一种类真菌性疾病。特征是消化道黏膜

(口腔、咽、食管和嗉囊)形成白色的假膜和溃疡。

1. 病原

白色念珠菌分类上属于半知菌纲念珠菌属。本菌为类酵母菌,在病变组织及普通培养基中均产生芽生孢子和假菌丝。革兰氏染色阳性,但着色不均匀。

本菌为兼性厌氧菌,适宜在沙堡弱氏琼脂培养基上生长,37℃培养 24～48 小时,形成乳酪状,湿润、光滑、凸起、边缘整齐、乳白色、带有酵母气味的菌落,其表层多为卵圆形酵母样出芽细胞,深层可见假菌丝。本菌能发酵葡萄糖,麦芽糖产酸产气,蔗糖产酸,不发酵乳糖,这些生化特性有别于热带念珠菌和克柔氏念珠菌。

2. 流行特点

白色念珠菌广泛存在于自然界,同时常寄居于健康畜禽及人的口腔、上呼吸道和肠道中。它是一种条件致病菌,当机体抵抗力下降,消化道正常菌群失调,维生素缺乏,不良的卫生条件以及过多使用抗菌药物等均可诱发本病。

本病主要发生于 6 周龄以前的幼龄鹅,特别是幼龄狮头鹅,其他禽类如鸡、火鸡、鸽等也易感。仔猪、犊牛较少见,人也可感染。幼禽的易感性和死亡率较成禽高。大多数病例由内源性感染引起,在各种原因引起机体抵抗力下降时,诱发本病。病鹅的粪便中含有多量病原体,污染垫料、饲料、饮水等,通过消化道传播;黏膜损伤有利于病菌侵入,同时也可经过蛋壳传播。本病的流行特点是传染迅速,发病率和死亡率高,死亡率可达 75%,同时因为存活者瘦小失去了继续饲养的价值,因而淘汰率也较高。

3. 临床症状及剖检变化

病鹅主要表现为精神委顿,羽毛松乱,生长缓慢,嗉囊扩张下垂、松软,逐渐瘦弱死亡。口腔黏膜形成乳白色或黄色的斑点,逐渐融合形成大片白色纤维状假膜或干酪样伪膜,用力撕开伪膜可见红色溃疡出血面。同时因为伪膜导致吞咽困难，呼吸急促。嗉囊形成干酪样坏死假膜，表现为嗉囊壁增厚呈灰白色，形成白色、豆粒大结节和溃疡，上面覆盖一层白色或黄色的假膜。有的在食道、腺胃出现相同的病变。胸腹气囊混浊，常有淡黄色粟粒状结节。

4. 诊断

主要通过病原分离和鉴定来进行诊断。无菌采集嗉囊有病变的黏膜及绒状物等病料，也可用灭菌棉拭子自病变黏膜采集材料，迅速进行培养或用病变黏膜直接触片或以棉拭子蘸取病料涂片，用革兰氏染色、镜检，可见革兰氏阳性、圆形或卵圆形酵母样菌和芽生孢子及假菌丝。将病变或黏膜拭子接种于沙保弱氏培养基分离培养后，将酵母样菌落接种于含吐温-80 0.5%～1%的玉米粉琼脂培养基，25℃培养 24～72 小时，镜检观察厚膜孢子。将新分离菌苔 1∶10 稀释后，于耳静脉每只健康家兔注射 1 毫升，尾静脉每只小鼠注射 0.1 毫升，同时设立对照组，观察动物存活情况。家兔、小白鼠一般于接种后 4～6 天死亡。剖检动物肠道臌气明显，腹腔内有较多酵母味渗出物，肾、肝肿胀，坏死并有多处针尖大小脓肿。从病灶采样镜检，可见假菌丝和孢子。

5. 防治措施

①平时应加强卫生管理工作，注意鹅舍及运动场、孵化室的清洁卫生，保持通风良好、干燥等，防止垫料等潮湿。合理使用抗菌药物，避免肠道正常菌群失调；加强饲养管理，防止机体抵抗力下降。

②发生本病时，应对病鹅进行及时隔离，消毒，查明原因，及时排除引起机体抵抗力下降的各种因素。病鹅可用下列方法治疗：

全群用制霉菌素按每千克饲料 50～200 毫克，或每只鹅每天 5 000 单位拌料，连服 3～5 天，同时全群用硫酸铜水溶液按 0.5%比例饮服，连饮 1 周。

第三节 鹅常见寄生虫病防治

一、球虫病

鹅球虫病是由艾美尔属和泰泽属的各种球虫寄生于鹅的肠道引起的。雏鹅的易感性高，患病严重，死亡率高。主要特征为病鹅消瘦，贫血和下痢。病鹅不易复原，成年鹅往往成为带虫者，增重和产蛋均受影响。

1. 病原

寄生于鹅的球虫常见有10种，其中艾美尔属8种、泰泽属2种，另有肾形球虫感染，我国已有报道。

球虫寄生在上皮细胞内，发育到一定阶段形成卵囊进入肠道，随粪排出体外，病原为球虫，在鹅粪中见到的为球虫的卵囊，呈圆形或椭圆形。

2. 感染情况

鹅球虫病的传播是通过被病鹅或带虫鹅粪便污染的饲料、饮水、土壤或用具等，饲养管理人员也可能成为球虫卵囊的机械性传播者。

鹅球虫与其他禽类的球虫一样，具有明显的宿主特异性，它只能感染鹅，同样的，其他禽类的球虫也不能感染鹅。各种日龄的鹅均有易感性。雏鹅发病严重，死亡率高。由于饲养方式不同，发病日龄也不同。网上育雏因不接触地面和粪便不易发病，而常于下网接触地面后4～5天暴发鹅球虫病。如果常年地面饲养，发病日龄则无规律。但发病与季节有密切关系，每年5～8月为多发季节，其他季节发生较少。

3. 临床症状

鹅感染本病后，其症状依发病情况和病程长短分为急性和慢性。急性病程为数天到2～3周，多见于雏鹅，开始精神不佳，羽毛松乱无光泽，缩头，行走缓慢，闭目呆立，有时卧地头弯曲伸至背部羽下，食欲减退或废绝，喜饮水，先便秘后拉稀，由稀糊状逐渐变为白色稀粪或水样稀粪，以至泄殖腔周围粘有稀粪。后由于肠道损伤及中毒加剧，翅膀轻瘫，共济失调，有渴感，食道膨大部充满液体，食欲废绝，稀粪水带血，后期逐步消瘦，发生神经症状，痉挛性收缩，不久即死亡，死亡率较高。成鹅也可发生但程度较轻。

4. 剖检

主要病变在消化道。尸体消瘦，黏膜苍白或发绀，泄殖腔周围羽毛被粪血污染。急性者呈严重的出血性卡他性炎症。肠黏膜增厚、出血、糜烂，在回盲段和直肠中段的肠黏膜具有糠麸样的假膜覆盖，肠黏膜上有溢血点和球虫结节，肠腔内有暗红血凝血块。

5. 诊断

根据流行特点、临床症状、病理剖检及粪便检查，进行综合性判断，可作出正确诊断。确诊采取粪便和病变部位刮取物镜检，可查到卵囊。

6. 防治措施

场地卫生消毒工作是防止发病的重要措施，及时清除粪便和更换垫草，并将清除物堆沤发酵，以杀灭球虫卵囊。饲养场地保持清洁干燥，不在低洼潮湿及被球虫污染地带放牧。

使用下列抗球虫药有较好的预防和治疗作用：①球痢灵，以120毫克/千克浓度混入饲料连喂3～5天，作治疗暴发性球虫病用。②克球，多以250毫克/千克浓度混入饲料作治疗用，预防量减半。③氯苯胍，以33～36毫克/千克浓度混入饲料连续使用。另外，广虫灵、优素精、氨丙啉、球净、盐霉素、莫能菌素等药物混入饲料对抗球虫均有一定的效果。但注意抗球虫药一般都应在屠宰前1周停药。

二、鹅蛔虫病

鹅蛔虫病是由鸡蛔虫寄生在鹅的肠道内所引起的一种寄生虫病。

1. 症状

病鹅的症状与其感染虫体的数量及病鹅的本身营养状况有关。感染轻的，或成年鹅感染，一般不表现症状，病雏鹅通常生长不良，精神不佳，行动迟缓，羽毛松乱，黏膜贫血，食欲减退或异常，下痢，逐渐消瘦。

2. 诊断

查粪可找到虫卵。

3. 防治措施

搞好鹅舍清洁卫生，特别是垫草与地面的卫生，保持运动场地的干燥，及时清除鹅粪并进行发酵处理，可起到较好的预防作用，治疗可使用驱虫药。

三、鹅裂口线虫病

鹅裂口线虫病是由寄生于鹅肌胃的鹅裂口线虫所引起的一种寄生虫病。此病可在各地流行，某些地区感染率可达 90%以上，主要危害小鹅，常造成大批死亡，损失较大。

1. 病原及感染情况

鹅裂口线虫属毛圆科，虫体细长，表面有横纹，呈粉红色，雄虫长 10～15 毫米，雌虫长 12～24 毫米，雄虫生殖孔开口处较宽，两端较细，雌雄生殖孔开口于虫体的偏后方，卵呈长椭圆形。

鸭与鹅能感染鹅裂口线虫，而对其他家禽、野禽均未发现感染。在鹅当中，雏鹅更易感染。除经口感染外，试验证明，经皮肤也可感染。我国有不少省发生过鹅裂口线虫病，个别地方的鹅群感染率高达 95.4%。

2. 临床症状

当虫体寄生于鹅肌胃角质层下面时，易使肌胃造成严重的损害。因此，患鹅出现食欲不振，甚至废绝，消化障碍，生长受阻，精神沉郁。随着病情的发展，病状加剧，患鹅体弱，贫血，下痢。如饲养管理良好，死亡率不高，但可成为带虫鹅，如饲养条件差时，也可造成大批死亡。

3. 剖检

虫体寄生于鹅肌胃角质层下面，寄生处角质层薄，有虫道，易碎、坏死、变色（呈棕黑色）。患处角质层易剥离，剥去角质层可见虫体，并且黏膜上有溃疡面。肠内食物消化不佳，稀而臭。粪中可检出虫卵。

4. 诊断

粪便检查发现本虫虫卵，剖检取获虫体，经鉴定即可确诊。

5. 防治措施

搞好鹅舍清洁卫生，定期消毒，有预防作用。如果牧场被病原污染，则应休闲1～1.5个月，以使病原体丧失侵袭能力。大、中、小鹅应分开饲养，防止交叉感染。

在本病流行的地方，每年要进行两次预防性驱虫，通常在20～30日龄、3～4月龄各一次。驱虫应在隔离鹅舍内进行，投药后的3天内，彻底清除鹅粪，进行生物发酵处理。

常用的驱虫药物有：

①四氯化碳：20～30日龄鹅，每只1毫升；1～2月龄鹅，每只2毫升；2～3月龄鹅，每只3毫升；3～4月龄鹅，每只4毫升；5月龄以上5～10毫升。早晨空腹用洗球注入食道内，一次性口服。

②驱虫净：每千克体重40～50毫克，配成0.01％浓度，饮水连用7天为一疗程。

③三氯酚：每千克体重70～75毫克，一次性口服。

④吡喹酮：每千克体重10～15毫克，一次性口服。

⑤枸橼酸哌嗪:每千克体重 0.2～0.3 克,一次性口服。

四、鹅绦虫病

鹅绦虫病全称为鹅矛形剑带绦虫病,是小鹅和中龄鹅常见的一种小肠内寄生虫病。当虫体大量积于肠道内时,可阻塞肠腔,破坏和影响鹅的消化吸收,并能吸收营养、分泌毒素,导致鹅只生长发育受阻和产蛋性能下降,乃至发生大批死亡。

1.病原及感染情况

绦虫是一种白色、扁平、带状、分节的蠕虫,主要是矛形剑带绦虫。当虫体大量积聚于肠道时,可机械阻塞肠道,而影响鹅的消化吸收,并能分泌毒素及代谢产物,对鹅的血液系统和神经系统产生毒害作用。本病多发生于夏季和晚春放牧季节,呈地方性流行。

2.临床症状

绦虫对鹅的危害主要是吸取营养,产生毒素和机械刺激。症状严重的程度取决于鹅只被感染程度、年龄大小及机体抵抗力。主要感染小、中龄鹅(5 日龄至 5 月龄鹅)。鹅感染后出现消化不良,食欲不振,渴感增加,粪便稀臭,先呈淡绿色,后变淡灰色,时有血便,混有黏液,含有长短不等的虫体孕卵节片。幼鹅发育受阻,消瘦,离群,呆立瞌睡。病鹅常出现神经症状,如行走不稳,运动时尾部着地歪颈仰头,背卧或侧卧时两脚划动,多次反复发作,机体极度消瘦而死亡。

3.剖检

肠腔内有大量虫体积聚,造成肠阻塞、肠扭转,严重的引起肠破裂。肠壁由于绦虫头节的吸附,致使黏膜发炎受损,水肿出血,散布灰黄色结节,肠内容物稀臭,含有大量虫卵。

4.诊断

检查粪便中的节片或虫卵;也可通过剖检病死鹅,在小肠查到虫体,即可确诊。

5. 防治措施

在本病流行地区，每年春夏两季对1～2月龄的鹅要定期进行虫卵和虫体检查，然后进行驱虫。虫体和虫卵检查方法为：收集鹅粪，放入500～1 000毫升量杯中，加满清水，用玻璃棒搅拌几分钟，然后静置10～15分钟，弃去上部澄清液，经几次反复，取出底部沉淀物，置于平皿中，肉眼可见虫体节片。在光学显微镜下可见虫卵。

消灭中间宿主。在已被污染的池塘，有条件的可干水一次，以便杀死水中的剑水蚤。将鹅粪及时地堆积起来，用堆积发酵的方法杀死虫卵。另外要消灭传播源。对病鹅用下列方法治疗：

①硫双二氯酚：按每千克体重30～50毫克硫双二氯酚拌饲料内服，早晨空腹一次见效。鹅的品种不同，饲养条件不同，对硫双二氯酚的耐受能力也不一样，所以当大群驱虫时，必须先做小群试验，药量取低限，取得经验才全面开展。对瘦弱鹅，药量酌减。投药后观察排虫情况，粪便要集中堆集，防止扩散。

②氯硝柳胺：又名灭绦灵。每千克体重50～65毫克拌料一次内服，驱虫效果好。

③吡喹酮：为高效广谱驱吸虫、绦虫药。驱禽绦虫效果好，毒性低，但价格昂贵。

④槟榔煎剂：这是较古老的驱虫方法，但效果很好，较经济。取槟榔粉或槟榔片50克，加水1 000毫升，煎成750毫升，去渣即成。用量为每千克体重10毫升。用洗球投至食道中，服药后10～15分钟即开始排虫体，持续排虫2～3小时。

五、鹅嗜白细胞体病

鹅嗜白细胞体病是家禽的一种急性、高度致死性的原虫病。

1. 症状

病鹅发高热，食欲消失，渴欲增加，精神委顿，消瘦贫血，走路困难，呼吸急促，病程1～3天。

2. 防治

消灭传播本病的吸血昆虫（蚋类）是重要的预防方法。用0.2%敌百虫在鹅舍内喷洒；淘汰带虫鹅；雏鹅与成鹅分开饲养，以防止传染。药物治疗有一定效果。

六、鹅嗜眼吸虫病

鹅嗜眼吸虫寄生于鹅的结膜囊内，引起结膜、角膜水肿发炎、失明，病鹅不能觅食，消瘦，影响生产发育和产蛋量。鸡、鸭也能感染。

1. 病原及感染情况

新鲜虫体为淡黄色，前端较狭，呈纺锤形或犁形，虫卵椭圆形，无卵盖，内含毛蚴。寄生在眼结膜的嗜眼吸虫所产的卵，随眼分泌物落入水中，继而孵出毛蚴，毛蚴侵入螺体内继续发育，经过富蚴和尾蚴阶段，尾蚴离开螺体到水生植物上，形成瓶状的囊蚴，当鹅在水中吞食了附有囊蚴的螺体或水生植物时，引起感染。幼虫只在禽只嗉囊停留1～5天后，经鼻泪管移到眼的膜囊内，一个月后发育为成虫。这种吸虫，鸡、鸭、鹅、火鸡、珍珠鸡均能自然感染。鹅的感染、发病情况各地不一。

2. 临床症状

病鹅初时流泪，眼结膜潮红，泪水在眼中形成许多小泡沫，眼睑水肿，用脚搔眼或将眼睛揩擦翼背部，第3眼睑晦暗，增厚，呈树枝状充血或潮红。眼结膜有少量针尖状出血点。少数严重病例，角膜深层有细小点状混浊，表面光滑晦暗，有的角膜表面形成溃疡，被黄色片状坏死物覆盖，剥离后有的出血。这种黄色坏死物，有的突出于眼裂外。结膜膜内有浅黄色线条样黏性（偶有脓性）分泌物。虫体都吸附在内眦瞬膜下的穹部结膜或球结膜处。大多数病鹅为单侧性眼发病，一只眼出现严重症状，而另一只眼虽有感染而无明显症状，只有少数鹅为双侧性眼发病。眼内虫体较多的病鹅，可双侧眼发病，由于强刺激而失明，难以进食，很快消瘦，如是种鹅则产蛋减少，最后导致死亡。

3. 诊断

根据鹅以结膜、角膜炎为主的临床症状，在眼内眦膜下的穹窿部查到嗜眼吸虫即可确诊。

4. 防治措施

用75%酒精滴眼，由助手将鹅体固定，另一助手固定鹅头，右手用钝头金属细棒或眼科玻璃棒，从内眼角扒开瞬膜，用药棉吸干泪液后，立即滴入75%酒精4～6滴。用此法滴眼驱虫操作简便，可使病鹅症状很快消失，驱虫率可达100%。也可以采取人工翻眼除虫，需要3人，其中助手2人，按上法用钝头细棒拨开瞬膜，第三人用眼镊子从结膜囊内摘除虫体，然后用一定浓度的硼酸水冲洗眼睛。

七、鹅毛滴虫病

鹅毛滴虫病是由鹅毛滴虫引起的一种原虫病。

1. 临床症状

潜伏期为6～15天，可分为急性和慢性两种类型。小鹅多呈急性型，病鹅体温升高，精神委顿，食欲下降直至消失，而后出现跛行，活动困难，下痢，有时因坏死性肠炎和肝炎而死亡。成年鹅呈慢性型，病鹅消瘦，绒毛脱落。剖检可见肠黏膜卡他，盲肠乳头突黏膜肿胀、充血，并有凝乳状物；肝脏肿大，呈褐色或黄色；母鹅的输卵管发炎，蛋滞留，蛋壳呈黑色，内容物腐败，黏膜坏死，管腔积液呈暗灰色脓水样，卵泡变形。

2. 防治措施

搞好鹅场的清洁卫生，将雏鹅与成年鹅分开饲养，对此病可起到良好的预防作用。治疗可用甲硝唑片（灭滴灵），每只病鹅每天

100～200 毫克，分 2 次投服，连用 7 天，或用阿的平（或氨基阿的平）每千克体重 0.05 克；也可用雷佛奴尔每千克体重 0.01 克，按上述剂量溶于 1～2 毫升水中，逐只喂服，24 小时后重复喂服一次。

八、鹅虱

鹅虱是禽类体表永久性外寄生虫，其种类较多，有的寄生在鹅的头部和体部，有的寄生在鹅的翅部。鹅虱严重侵袭时可引起鹅贫血消瘦，羽绒脱落，产蛋量下降，影响母鹅抱窝孵蛋。此外，鹅虱还能传播疾病，对鹅的危害性较大。

1. 临床症状

一般来说，冬季鹅体上的虱大量繁殖，啮食鹅的羽毛和皮屑，被其啮食的鹅因受刺激，表现为瘙痒，用嘴啄毛，使羽毛脱落，影响母鹅产蛋量和鹅的抵抗力。颊白羽虱往往充塞鹅的外耳道，使其发炎，产生干性分泌物。通过检查皮肤上的羽毛，查到虱及其卵即可确诊。

2. 防治措施

灭虱可用 0.2%敌百虫液，于晚上喷洒在鹅体羽表面，当虱夜间从羽毛中外出活动时，沾上药物即被杀死。对于颊白羽虱，可用 0.1%敌百虫液滴入鹅外耳道中，涂擦于鹅颈部羽翼下部。在鹅体灭虱的同时，也应对鹅舍、地面、用具等进行灭虱。

九、鹅蜱

锐缘蜱属的波斯锐缘蜱是鹅最重要的蜱。

1. 临床症状

鹅受到少量蜱侵袭时，常不表现症状。当受到大量蜱侵袭时，鹅表现不安，生长缓慢，贫血，消瘦，产蛋率下降，羽毛蓬松，食欲不振。

2. 诊断

夜晚在鹅体上查找蜱的成虫、幼虫，查获即可证实。

3. 防治措施

主要靠灭蜱，因蜱仅短时间内在鹅身上，然后就隐藏在周围环境的缝隙中，所以灭蜱必须在鹅舍的垫料、墙壁、地面、顶篷、栏圈、柱子等处同时进行。

十、鹅螨

螨与蜱同门、同纲、同目。鹅螨主要有鸡刺皮螨和双梳羽管螨两大类型。

1. 临床症状

鸡刺皮螨引起的症状主要是贫血，生长缓慢，产蛋率下降，消瘦。双梳羽管螨引起鹅羽毛部分的或完全的损毁。

2. 诊断

鸡刺皮螨夜晚在鹅体上可以找到，白天在其栖息的鹅周围环境中，常成群聚集在一起，看上去是一些明显的红色或微黑色小圆点。双梳羽管螨的虫体可在被损毁羽毛的羽管残干中检出。

3. 防治措施

鸡刺皮螨可用杀虫剂在鹅体上或垫料中杀灭。用 20％双甲脒乳油配成 0.05％溶液，或用浓度 25～50 毫升/升的溴氰菊酯溶液喷洒。同时注意鹅舍内的环境卫生。

第四节　鹅常见中毒病防治

一、鹅菜籽饼中毒

菜籽饼中含有 30％～40％的蛋白质，且来源广泛，价格低廉，可作为家禽重要的蛋白饲料。但菜籽饼中含有有毒物质，过量或长期饲喂可引起禽发生以胃肠炎、甲状腺肿大为特征的中毒症。

长期大量饲喂未经脱毒的菜籽饼是菜籽饼中毒的直接原因。对鹅来说，饲料中菜籽饼的比例超过8%时，就有可能发生中毒。饲料中碘缺乏会加重菜籽饼的毒性反应。

1.临床症状

急性中毒可出现腹泻，两腿突然麻痹，倒地，肌肉痉挛，神经症状，双翅扑击，口鼻流泡沫黏液，有时混有血液等症状。病鹅呼吸困难，后因痉挛、麻痹而死亡。

慢性中毒时，患鹅食欲下降，粪便带有血液，生长不良，产蛋率、孵化率下降，蛋小壳薄或软壳，蛋多有鱼腥味，可因衰弱而死亡。

2.剖检

急性病例，腺胃、肌胃及肠道充血、出血；肝淤血肿大且有出血，表面带有黄色斑纹；胆囊肿大，充满黄色胆汁；肾肿大，肺充血。

病程长者或慢性病例甲状腺明显肿大，色紫质硬。

3.诊断

主要根据采食菜籽饼饲料的情况，结合病理剖检可初步诊断。确诊需做实验鉴定和可疑饲料生物试验。

4.治疗方法

本病无特效治疗，发病后立即停喂菜籽饼饲料，并饮用10%葡萄糖水，适当增加多维素的喂量。

5.防治措施

首先要控制菜籽饼量(一般不超过5%)，其次应对菜籽饼采取一定的脱毒处理。菜籽饼脱毒可采用蒸煮法(粉碎，高温蒸煮1小时以上，除去上层液体)，坑埋法(与水1∶1混合，埋入土坑中60天)，也可混以市售菜籽饼脱毒剂。长期饲喂时应增加饲料中碘和铜的含量。将菜籽饼与其他饼类或动物性蛋白饲料混合饲喂，既可满足鹅对蛋白质的全面需要，又可降低各种饼粕在日粮中的配比而避免产生中毒。

二、鹅亚硝酸盐中毒

鹅亚硝酸盐中毒是指采食了含有多量硝酸盐或亚硝酸盐的饲料而引起的一种高铁血红蛋白症，患鹅主要表现为呼吸困难，全身发绀，迅速窒息死亡等临床症状。鹅发生亚硝酸盐中毒与下列因素有关：

(1)用青绿饲料喂鹅，因青绿饲料中含有较多的硝酸盐(尤其是使用化肥的饲料)，当青绿饲料在饲喂前保管不当，堆压发热，腐败变质，使得其中硝酸盐分解为亚硝酸盐，即可引起中毒。

(2)误食硝酸铵、硝酸钾等化肥，或在施肥不当的草地放牧，硝酸盐可在鹅肠道内转化为亚硝酸盐而引起中毒。

1.临床症状

本病多呈急性发作，患鹅食欲废绝，精神不安，步态不稳，腹部膨胀，两翅下垂，喜卧，口中流出淡黄色涎水；粪便呈绿色，稀薄恶臭，口腔黏膜、眼结膜、嘴角的上部皮肤和胸、腹部皮肤发绀，程度不一；嘴和脚冷厥；伸颈张口，呼吸急促，心跳加快，不断抽搐痉挛，最后衰竭而死。程度较轻的，仅有消化机能紊乱、肌肉无力等症状，多自行恢复。

2.剖检

病死鹅全身发暗，血液凝固不良，呈酱油色；胃肠道黏膜充血，黏膜易脱落，表面有较多的黏液；肝、脾淤血，轻度肿胀，暗红色；心脏、肾脏、肺等器官组织均呈不同程度的充血和淤血。

3.诊断

根据调查，鹅是否采食过堆放变质或经煮后加盖放置过夜的菜帮、菜叶而迅速发病。流涎，呼吸困难，死后剖检血液呈酱油色并凝固不良，据此即可做出初步诊断。确诊需取饲料做实验诊断。

4.治疗方法

对中毒鹅应立即静脉注射1%美蓝溶液(每千克体重0.5毫升);并配合注射25%葡萄糖溶液及维生素C注射液;或肌肉注射1%美蓝溶液(每千克体重1毫升),同时每只鹅口服维生素C 1片。第二天根据情况,可再使用一次美蓝溶液治疗。鹅群可用5%葡萄糖饮水,连饮3～5天,并迅速更换饲料。

5.防治措施

应加强饲养管理,不畏腐败变质、堆压发热的青绿饲料,不在刚施化肥不久的地方放牧,青饲料收获前不要大量使用氮肥。

三、鹅黄曲霉毒素中毒

鹅黄曲霉毒素中毒是指因采食了含黄曲霉毒素的饲料后所发生的一种急性或亚急性中毒性疾病。

1.临床症状

雏鹅多表现为急性中毒,有的无明显症状而突然死亡,病情稍缓的可表现为食欲下降或废食,脱毛,鸣叫,步态不稳,跛行,腿和脚部皮下出血,呈紫红色,数日内可死亡,死前多有角弓反张症状。

成年鹅一般呈亚急性或慢性经过,亚急性的可出现渐进性食欲下降,口渴,拉稀,便中带血,贫血,生长缓慢等症状,种鹅产蛋量下降。慢性的症状不明显,仅为生长缓慢,精神较差。

2.剖检

急性死亡的可见肝脏肿大,色泽苍白或变淡,有出血斑点或坏死灶,胆囊扩张,肾苍白稍肿,胰腺有出血点,胸部皮下和肌肉常见出血斑点。

亚急性或慢性死亡的主要可见肝硬化,肝颜色变黄,质地坚硬但脆,表面常见米粒至黄豆大增生或坏死结节;心包,腹腔常有积水;卵黄破裂,卵子变质,输卵管充血、出血;脚爪皮肤有的可见出血点;有的病例肝可发生癌变。

3.诊断

主要根据采食霉变饲料的病史，死亡率高但无传染性，结合肝病变及全身浆膜出血可初步诊断。确诊需做霉菌毒素实验室鉴定和可疑饲料生物试验。

4.治疗方法

一旦发病，应立即更换饲料。本病无特效治疗药物，一般只能采取保肝、止血、促毒物排泄（盐类泻药）等支持疗法。

5.防治措施

应加强饲料的保管，防止霉变。对已霉变但不严重的饲料，最好不用。如用应将饲料经漂洗、喷洒氨水碱化脱毒处理，但也不能用于雏鹅和种鹅。

四、鹅磺胺类药物中毒

磺胺类药物是一类具有对氨基苯磺胺结构的广谱抗菌药物总称，被广泛地应用于家禽的细菌性疾病及球虫病的防治，但由于该类药物对禽的肝、肾、造血和免疫系统有毒害作用，而且治疗量与中毒量较接近，极易引起家禽的中毒。

1.临床症状

急性中毒主要可表现为兴奋症状，患鹅拒食，腹泻，出现头颈扭曲、麻痹、痉挛等神经症状，严重者出现明显症状后12小时内死亡。慢性中毒则精神沉郁，羽毛粗乱，食欲减退或废食，饮欲增加，贫血，头部肿大、发暗，眼半闭，脚软，双翅下垂，翅下出现皮疹，便秘或腹泻，粪便暗红色。产蛋减少，产软壳蛋或停产。个别鹅关节肿胀、跛行，站立不稳或瘫痪。

2.剖检

主要是引起出血综合征，可见皮肤、皮下、肌肉（尤以胸肌、大腿内侧肌明显）、内脏等多部位出血；血液稀薄，凝固不良；肾肿大，呈土黄色，有出血斑，切面散在灰白色区域，实质萎缩；输尿管增粗，充满白色尿酸盐；肝肿大，质脆，紫红或黄褐色，有出血斑点或呈条带状；腺胃黏膜及肌胃角质层下、小肠黏膜等都可出现出血斑点；十二指肠黏膜脱落；有的关节腔内有少量尿酸盐沉积。

3. 诊断

主要根据服药史，结合病理剖检可初步诊断。确诊需做磺胺类药物实验室鉴定。

4. 治疗方法

若发生中毒，应立即停药，饮5%葡萄糖水或0.5%～1%碳酸氢钠水，并在每千克饲料中添加维生素K 0.5毫克或在日粮中提高1倍维生素含量；中毒严重的鹅可肌肉注射维生素B_{12} 1～2微克或叶酸50～100微克。

5. 防治措施

应严格掌握磺胺类药物的用药剂量和疗程。要连续用药的，在一个疗程结束后，应间隔3～5天再用。雏鹅、产蛋鹅及肝、肾有疾患者应尽量不用磺胺类药物，最好使用磺胺与抗菌增效剂的复方制剂。

五、鹅有机磷农药中毒

鹅有机磷农药中毒是指因有机磷制剂进入体内而使机体胆碱酯酶活性受到抑制的一种中毒性疾病。鹅采食拌有或被有机磷农药污染的蔬菜、谷物种子、青饲料、诱饵，被毒死的蝇、蛆、鱼、虾等；在刚喷洒农药不久的稻田、草场及其他场地放牧；灭虱、灭螨或驱虫等用药不当，都可能引起中毒。

1. 临床症状

多为急性中毒。快的几乎不表现明显症状，采食后10分钟左右即突然拍翅、跳跃、抽搐死亡。病程稍长的，表现出精神不安，呼吸困难，站立不稳，流泪，瞳孔明显缩小；流涎及稀鼻液，且频频甩头，从口中甩出已食入的饲料；肌肉颤抖，下痢，最后抽搐死亡。部分可耐过。

慢性中毒的，病鹅表现拒食，但饮水，匍匐于地；拉水样白色稀粪，倒提会从嘴里流出黑水。产蛋鹅则产蛋率下降。病程较长，也有的在1周左右死亡。

2.剖检

急性死亡的可见肝脏、肾脏肿大，质脆；胃肠道黏膜有出血性炎症、脱落、溃疡等变化，胃肠内容物有大蒜臭味。

慢性死亡的可见肌胃角质膜变黑、似树皮样，十二指肠黏膜充血、出血，肝贫血、表面有白色坏死点；心冠脂肪轻微出血；蛋黄呈水样，蛋变形。

3.诊断

主要根据服药史结合病理剖检可诊断。

4.治疗方法

一旦发生有机磷中毒抢救应及时。应立即停止使用可疑饲料及饮水；切开食道膨大部或向上挤压食道膨大部以挤出内容物，饮用0.01%高锰酸钾（1605中毒禁用）或2.5%小苏打（敌百虫中毒禁用）溶液；迅速使用阿托品对症治疗，成鹅每只皮下注射0.5毫克，雏鹅酌减，15分钟后再用一次，以后根据需要（看瞳孔是否扩大，流涎是否停止）可每30分钟口服阿托品片一片，每次一片，溶于水喂服；有条件的可同时使用解磷定（0.2～0.5毫升/只，静脉注射）或氯磷定治疗。

5.防治措施

应严格管理好有机磷农药，不要到刚使用有机磷农药的区域放牧，一般应间隔1～2周以上。最好不要使用有机磷农药对鹅舍灭螨，灭蝇等。

六、鹅食盐中毒

食盐（氯化钠）是动物钠离子和氯离子的主要来源，它们对机体内环境的稳定和细胞兴奋性的维持等方面起重大作用,同时可增进食欲,促进消化功能。家禽饲料中食盐的含量0.3%~0.5%为宜。尽管鹅对食盐的敏感性没有鸭高,但当饲料中食盐的含量超过3%或每千克体重一次食入1.5~2克食盐时即可能引起中毒,严重的还可能发生死亡。鹅食盐中毒的发生主要与下列因素有关。

(1)饲料中食盐的含量过高或颗粒过大,拌料不均匀。除意外疏忽外,一般按配方配制的鹅的饲料中不至于会加入过多的食盐。可能的原因是没有考虑原料特别是鱼粉中含的氯化钠,还有就是所用食盐颗粒太大,临床上报道的中毒多数是因这两个原因所引起。

(2)饲喂含盐量较高的酱渣、腌制食品卤汁等或在沿海、盐湖周围放牧。

(3)长期缺盐的鹅,如突然补盐或饮含盐饮水不加限制,由于耐受性差,可引起中毒。一般来说,饮水中含有的盐比饲料中的更易引起中毒。饮水中食盐含量超过0.54%时,即有可能造成鹅发生食盐中毒。

(4)饮水不足。不限制饮水,食盐中毒一般不会发生,饮水不足是食盐中毒的重要条件。

(5)饲料中维生素E、含硫氨基酸、钙和镁等不足可增强鹅对食盐的敏感性。

1.临床症状

病鹅初期表现为烦躁不安,鸣叫,盲目冲撞,想饮水,但嘴到水边又避开,食欲减退或废绝。从鼻孔中流出水样鼻涕。粪便呈水样,其中有少量白色或绿色块状物。体温41.5~42℃。继而精神沉郁,有时突然倒地挣扎,呈阵发性惊厥状,不发作时两脚无力,腿麻痹;发作时两翅向左右侧铺开,并不断拍打,抽搐,肌肉震颤,约1分钟又恢复原状,此时体温可达42.5℃。严重的病例呈现运动失调，卧地不起，头做无意识的左右摇摆运动，最后虚脱死亡。病程为1～3天，雏鹅死亡很快。

2. 剖检

主要病变为眼结膜充血、出血，瞬膜水肿。切开头部及腹部皮肤，可见皮下呈胶冻状水肿；食管中有大量黏液，倒挂时从口腔流出，肺水肿；腹腔中充满淡黄色腹水，心包积液，心外膜有斑状或点状出血，心冠脂肪水肿；腺胃、肌胃黏膜充血及出血，肌胃角质层溃烂，容易剥离；小肠黏膜严重充血，大肠膨大，其中有淡红色液状内容物；肝脏略肿大、色淡；肾充血、肿胀，肾及输尿管有尿酸盐沉积；脑血管怒张，有小点状出血，小脑水肿。

3. 诊断

对可疑饲料、饮水或胃内容物进行氯化钠含量测定；也可以测定患鹅血浆和脑积液中的钠离子浓度。

4. 治疗方法

发现鹅群中毒应产即停喂含盐饲料，不表现神经症状的应立即喂给大量淡水，也可在水中加5%的葡萄糖，并加入适当的氯化钙或葡萄糖酸钙，加喂大量青绿易消化饲料；对处于中毒后期、神经症状明显的要控制饮水，可静注葡萄糖(10%)和钙制剂；尽量减少刺激，增加饲料中多种维生素和蛋氨酸的含量。

5. 防治措施

食盐补饲量应严格按要求执行，并应充分考虑到饲料原料本身所含有的食盐量(尤其是喂咸鱼粉时)，使用的食盐颗粒应细小，拌料一定要均匀，及时清扫料槽底部沉积的食盐颗粒，并保证充足的饮水供应。

七、鹅棉籽饼中毒

棉籽饼含35%以上的蛋白质，是一种良好的植物蛋白饲料，但棉籽饼中含有一定量的有毒游离棉酚，如使用不当就会引起中毒。鹅棉籽饼中毒主要与下列因素有关：

(1)长期大量饲喂含游离棉酚的棉籽饼或棉籽粉，尤其是带壳的土榨棉籽饼，很容易引起鹅中毒。一般来说，饲料中棉籽饼饲喂量超过8%，即有可能引起鹅中毒。

(2)棉籽饼发热变质，其游离棉酚的含量会增多，饲喂后引起中毒的可能性增加。另外，用热榨法获得的饼，游离棉酚含量大大下降；而生榨获取的饼，棉酚含量常较高，易引起中毒。

(3)饲料若缺乏维生素A或钙、铁、赖氨酸等，则中毒更容易发生。

1. 临床症状

鹅棉籽饼中毒一般为慢性经过，相比之下，雏鹅发病较严重。中毒鹅表现为精神不振，食欲下降或不食，两翅无力下垂。有的表现有出血性胃肠炎症状，粪便较稀，黑褐色，常混有黏液、血液和脱落的肠黏膜。严重的可因呼吸和循环衰竭而死亡。

种鹅发生棉籽饼中毒，主要表现为贫血和生殖功能下降。公鹅精液中精子数量减少，精子活力降低；母鹅产蛋量下降，蛋的品质不良，蛋变小，煮熟的蛋黄韧性增加，有弹性，称为“橡皮蛋”；种蛋受精率和孵化率明显降低。

2. 剖检

患鹅胃肠道黏膜充血、出血，黏膜易脱落；肝脏充血、肿大、质脆，呈土黄色，其中有许多空泡和泡沫状间隙；肾紫红色，质软而脆；胰增大；肺充血、水肿；心外膜出血；卵巢萎缩，皮下水肿。

3. 诊断

主要根据采食棉籽饼饲料的病史，结合病理剖检可初步诊断。

4. 治疗方法

(1)硫酸镁1～2克，一次内服。

(2)0.5%硫酸阿托品注射液0.2～0.4毫升，一次分点皮下注射。

(3)25%维生素C注射液0.2～0.5毫升，一次肌肉注射。

5.防治措施

防治本病主要应控制籽饼的喂量(以6%～7%为宜，不超过8%)，雏鹅最好不用，成鹅也要避免长期使用。使用期间，饲料中应增加维生素A、铁、钙、赖氨酸的喂量，多喂青绿饲料。最好对棉籽饼进行脱毒处理后再饲喂。脱毒方法有蒸煮法、热炒法，也可拌以硫酸亚铁(铁与游离棉酚1∶1)或可将0.1%～0.2%的硫酸亚铁溶液浸泡处理棉籽饼后再利用。

第五节　鹅的常见普通病防治

一、雏鹅水中毒

雏鹅由于饮水不足引起脱水，一旦有水即暴饮，使体内水分突然增加，失去平衡，造成组织内大量蓄水，血浆钠、氯浓度下降，细胞内液渗透压高于细胞外液渗透压，水进入细胞内，引起细胞水肿，特别是脑细胞水肿。

1.临床症状

雏鹅在暴饮后半小时左右，出现精神不振，四肢无力，步态踉跄，共济失调症状，呈犬坐姿势；或张口仰头，口流黏液，两脚呈直线后退或做圆周运动，并排出水样粪便，数分钟后倒地死亡。部分雏鹅在倒地30～40分钟后苏醒、康复。

2.防治措施

雏鹅在出壳后要及早饮水，第一次饮水叫“开水”或“潮口”，应在开食前尽早进行，以后仍要供给充足的饮水，防止机体脱水。如已发生脱水，宜在饮水中加食盐，使其达到生理浓度(0.9%)，同时控制饮水量，不让雏鹅暴饮，这样就可以防止水中毒。

二、鹅硬嗉病

小鹅因消化机能不健全，易患硬嗉病。母鹅刚放出巢时因饥饿贪食，或者吃入粗硬多纤维的饲料、过大的块根饲料，或咽下鸭毛、鹅毛、麻绳等异物，均能引起硬嗉病。

1. 临床症状

患鹅食道部胀大，触诊坚实，里面充满硬固食物，停留1～2天不消化；有时里面充有气体，由口腔内发出腐臭气味；有时可用手摸到异物。病鹅神态不安，翅膀下垂，呆立不动，食欲废绝，若不及时治疗，往往导致死亡。

2. 防治措施

平时饲料配合要适当，块根类及粗硬多纤维饲料要切短、切碎，饲喂要定时定量。10日龄以内的雏鹅发病时，可喂给干酵母片。也可喂植物油或注射植物油。病情轻者，可喂给植物油或用注射器将植物油注入食道膨大部，并用手在其外部轻轻地向食管下方揉压，使阻塞物质排入胃内。

三、鹅肠炎

鹅肠炎是鹅肠黏膜常见的炎症，有原发性和继发性两种。

1. 临床症状

多发生于2～3周龄的幼鹅。患鹅垂头闭目，无精打采，食欲不振或废绝，羽毛逆立，无光泽，两翅下垂。病鹅常常挤在一起，泄殖腔外口不断地急剧收缩、腹泻，排出白、棕、绿、黄或混合色的稀粪。最后多由于失水过多，极度衰弱而死亡。

2. 防治措施

治疗可采用磺胺脒，每只0.25克混入饲料或逐只喂服，每天2次，2天为一疗程。或者在饲料中混入200～400毫克/升复方敌菌净或0.1%土霉素饲喂效果很好。

四、鹅喉气管炎

鹅喉气管炎是由于鹅受寒感冒或鹅舍潮湿、通风不良以及各种有刺激性气体的刺激，使鹅喉气管充血而造成鹅喉气管发炎。

1. 临床症状

患鹅自鼻孔流出黏液，喉头也有灰白色黏液，呼吸困难，常伸颈张口，呼吸时发生"咯、咯"声，被驱赶后，症状特别明显，患鹅病初精神还好，但食欲减少，喜饮清水。当病情恶化时，患鹅食欲废绝，几天后死亡。病轻者可自愈。

2. 防治措施

加强饲养管理，搞好鹅舍卫生，保持干燥，避免受寒，是预防的关键。可用抗生素。

五、鹅中暑

鹅中暑又称日射病、热衰竭。鹅可大群发生，雏鹅更常见。在炎热的夏季，温度高湿度大，通气不良，饲养密度大时易发此病。不论在放牧烈日直射或是在鹅舍内均可发生。

1. 临床症状

病鹅呼吸急促，张口伸颈喘气，翅膀张开下垂，口渴，体温升高，战栗痉挛，倒地昏迷，有神经症状，出现大群或部分死亡。

2. 剖检

大脑和胸膜充血、出血，全身静脉郁滞，血液凝固不良，尸冷缓慢。

3. 防治措施

夏季放牧要早出晚归，避开中午酷热，驱赶缓慢，多走林荫道。在闷热低气压的阴雨天要减少放牧。鹅舍要通风，运动场要有遮阴棚，饮水要充足。

①一旦发生中暑立即赶鹅下水，或将病鹅放入冷水盆内。放

翅下静脉血，同时翅静脉注射糖盐水 100～200 毫升，或饮糖盐水（500 克水中加白糖 25 克）。

②口服十滴水 8～10 滴，肌肉注射安那加或樟脑注射液 0.2 毫升。

六、鹅输卵管脱垂

本病又称输卵管外翻。母鹅常发生本病，尤以新开产的高产母鹅为多发，由于产蛋过大而发生难产时，过分用力努责而引起输卵管外翻。另一种情况是因母鹅输卵管及泄殖腔发炎时，由于局部不断受刺激，频频努责，企图把肛门内的刺激物排出去，而引起输卵管和泄殖腔脱垂。

1. 临床症状

肛门外脱出一段充血发红的输卵管，时间稍长即变成暗紫红色。病鹅不安，精神沉郁，食欲减少。脱垂时间过长，输卵管发生坏死、溃烂，因细菌感染而引起败血症死亡。

2. 防治措施

及早发现，及时治疗，一般可以痊愈。治疗可采用如下方法：

①把脱出的部分用 0.1%高锰酸钾或 0.05%呋喃西林或 2%雷弗奴尔的冷水溶液冲洗干净，然后轻轻还纳复位。肛门四周皮肤做临时性袋口缝合。并可往输卵管内注入些冷消毒液，以减轻充血和促进收缩，每天 2～3 次，2～3 天可恢复。在治疗中，患鹅要单独饲养。

②用 1%的普鲁卡因溶液冲洗或浸渍脱出部分，并在肛门周围作局部麻醉，以减轻发炎和疼痛感觉。把脱出的输卵管整复还纳之后，在肛门周围皮肤作烟包缝合，防止输卵管继续脱垂。在治疗期间如果母鹅继续产蛋，脱垂反复出现，治疗效果不佳，可予淘汰。

七、鹅翻翅

鹅翻翅是由于鹅食中精料占日粮比例过大，日粮中矿物质不足，特别是钙质严重缺乏，且钙磷比例失调而引起的鹅骨骼生长不良。

1. 临床症状

患鹅双翅或单翅外翻，影响商品鹅的外观，也影响母鹅自然抱孵。据对雏鹅的观察，翻翅出现的时间是 50～80 日龄，正处中雏阶段，为翅膀迅速生长时期，如有病因存在，容易造成翅关节的移位，形成翻翅。

2. 防治措施

在好发年龄阶段，尤其要把握好日粮配合。一般仔鹅的日粮要供给 0.8%～1.2%的钙和 0.4%的有效磷。

八、鹅软脚病

雏鹅易发此病。主要是因饲料中缺乏钙、磷及维生素 D，或长期喂单一饲料和腐败饲料所致。多发生于秋冬季节和潮湿的环境中。

1. 临床症状

病鹅脚软无力，支持不住身体，常伏卧地上。生长缓慢。长骨骨端常增大，特别是跗关节骨质疏松。

2. 防治措施

①预防。平时注意日粮中钙、磷的含量及比例。由于钙磷的吸收代谢依赖于维生素 D 的含量，故日粮中应有足够的维生素 D 供应。阳光照射可以使鹅体合成维生素 D_3。因此，在育雏舍饲条件下，要使鹅多晒太阳。

②治疗。喂鱼肝油和钙片即可。鱼肝油每天两次，每只每次 2～4 滴。用维生素 D_3，每只内服 15 000 国际单位，肌肉注射 4 万

单位也有较好的效果。

九、鹅维生素A缺乏症

维生素A是动物机体维持生命和生长发育的必需物质，主要是维持上皮组织的正常生长和修复，参与眼底感光物质的合成，并与抗病免疫有密切关系，因此，对它应当格外重视。

维生素A广泛存在于动物的肝、蛋、乳中，而在其他常用的动物性饲料中含量甚微或无。植物性饲料中不含维生素A，但含有胡萝卜素（又称维生素A原），尤其以青绿饲料中含量丰富，它们可在动物体内转化为维生素A，故以放牧饲养为主的鹅，一般不易发生本病，但对舍饲的鹅应予补充维生素A。

10日龄以上的鹅对维生素A的需要量为4 000国际单位/千克饲料，产蛋期为8 000国际单位/千克饲料。由于疾病、健康状况以及维生素的质量等诸多因素的影响，应使产蛋期饲料维生素A的含量达到10 000国际单位/千克饲料。

1. 临床症状

7～14日龄的雏鹅发生维生素A缺乏症，是由于产蛋母鹅的日粮中缺乏维生素A所致。病雏呈现生长发育严重受阻，羽毛蓬乱，喙部黄色素变淡，一侧或两侧眼流泪，眼睑下方有时见乳酪样分泌物，角膜混浊、软化，严重时出现角膜穿孔，造成眼房液外流，眼球下陷，失明，直至死亡。种鹅维生素A缺乏，除了上述症状外，还出现产蛋量下降，蛋黄颜色变淡，受精率降低，孵化死胎增加，公鹅性欲不强，蹼、喙黄色消失。

2. 剖检

消化道、呼吸道黏膜生成一种白色小疱状结节，大的直径可达2毫米，数量很多，严重的可形成一层黄白色的假膜，覆盖在黏膜表面，刮去假膜可见溃疡灶，有炎性渗出和出血。

3. 防治措施

防止雏鹅先天性维生素A缺乏症，必须在产蛋母鹅的日粮中保证充足的维生素A或维生素A原供应，增加富含多维素的饲料比例，如胡萝卜、草粉、黄玉米、鱼粉等。当雏鹅群发生维生素A缺乏时，应在每千克日粮中补加1 000～1 500国际单位的维生素A，或在每千克混合料中掺鱼肝油2～4毫升，也可在日粮中添加维生素A粉、维生素AD粉或禽用多种维生素，剂量和用法按厂家说明进行，1个月内可恢复正常。

十、鹅维生素D缺乏症

维生素D具有调节钙、磷代谢，促进生长发育的作用。维生素D在自然界中主要以两种形式存在，即维生素D_3和维生素D_2。其中家禽对维生素D_3的利用能力较强，其效能比维生素D_2高40倍。D_3仅存在于动物性饲料中，尤以肝脏含量最为丰富。

以放牧为主的鹅，能接受到日光中紫外线的照射，可合成足以满足自身需要的维生素D的量。但对舍饲的鹅，若不能经常受到阳光的直接照射，就必须在饲料中添加适量的维生素D添加剂，供其生长需要，否则就会出现维生素D缺乏症。在舍饲条件下，一般在每千克饲料中添加维生素D的剂量为：幼雏和育成期1 200国际单位，产蛋期1 400国际单位。

1. 临床症状

雏鹅维生素D不足，会发生佝偻病。本病在雏鹅出壳1周后就可出现。病鹅生长停滞，两腿无力，步态不稳，跛行，常以跗关节触地，喙变软或弯曲变形，喙食不便，由于钙化不全及软骨过度生长，造成关节肿大，特别是跗关节和肋骨关节明显。成年母鹅在产蛋不久即出现症状，开始产软壳蛋、薄壳蛋，随即停止产蛋，出现跛行，龙骨变形，食欲降低，喜卧不爱行动。

2. 剖检

脊椎骨和肋骨变形，特别是骨结合部有局限性肿大，形成突起的白色骨结节，有些出现骨折，骨质脆，胫骨弯曲等骨变态症状。

3. 防治措施

首先要分析饲料与每日接受日浴的情况，判断是缺乏维生素D，还是钙、磷含量不足或比例严重不适。属于钙、磷方面的原因，应立即调整，重新配比，并适当补充维生素D即可；属于缺乏维生素D时，应予补充，可于每千克饲料中添加鱼肝油10～20毫升，同时还要按说明书的要求加入禽用多种维生素添加剂，持续饲喂一段时间，一般为10～30天，至病鹅恢复健康为止。

第八章　鹅舍选址布局及其建筑与设备

第一节　场址选择

鹅舍是鹅生活与生产的重要场所，也是养鹅场重要的建筑结构之一。鹅场场址的选择不但关系到经济效益的高低，而且是养殖成败的关键。在场址选择时，主要是对场地的地势、地形、土质、水源和水陆运动场，以及周围环境、交通、电力、青绿饲料供应或放牧条件等进行全面的考察。

一、地势、地形、土质要求

鹅舍及陆上运动场的地势应高燥、平坦或缓坡，至少高出当地历史洪水的水线以上，连接水上运动场的陆上运动场地面应有坡度，但不能呈陡壁，应自然倾斜深入水池。鹅舍建设不能选择低洼潮湿的场地，因为潮湿的沼泽地是鹅体内外寄生虫和蚊、虻生存聚集的场所。地势要向阳避风，以南向或东南方向为佳，特别要避开西北方向的山口和长形谷地。

地形要开阔整齐，鹅舍用地的面积应根据饲养数量而定，在不影响饲养密度的情况下应尽量缩小。陆上运动场地的面积必须充足。鹅舍建筑应坐北朝南，鹅舍一般建在水源的北面，把水陆运动场放在鹅舍的南面，这样的鹅舍冬暖夏凉，有利于鹅的生长和产蛋。

鹅场最好应充分利用自然的地形、地物，如树林、河川等作为场界的天然屏障。既要考虑鹅场远离污染源（如化工厂、屠宰场等)，又要注意鹅场是否污染周围环境(如对周围居民生活区的污染等)。

鹅场内的土壤以沙质土壤最适合，以便雨水迅速下渗。愈是贫瘠的沙性土地，愈适于建造鹅舍。这种土地渗水性强。如果找不到贫瘠的沙土地，至少要找排水良好、暴雨后不积水的土地，因为养鹅最主要的就是应保持鹅舍内外充分干燥。

二、水源要求

在鹅场生产过程中，鹅的饮食、饲料的调制、鹅舍和用具的清洗，以及饲养管理人员的生活，都需要使用大量的水。同时，鹅的放牧、洗浴和交配等都离不开水源。所以，鹅场必须有充足的水源。

水源应符合下列条件：一是水量要充足；二是水质要求良好，不经处理即能符合饮用标准的水最为理想。此外，在选择时要调查当地是否因水质而出现过某些地方性疾病等；三是水源要便于保护，不受周围环境的污染；四是要求取用方便，处理技术简便易行。

鹅场采用的水源归纳起来可分为四大类：一是地面水，这是养鹅最广泛使用的水源。但这些水容易受到生活污水及工业废水的污染，易引起疾病流行或慢性中毒。最好选择水源大，且是流动的地面水作为水源。供饮用的地面水一般应进行人工净化和消毒处理。二是地下水，是降水和地面水经过地层的渗滤贮积而成，这种水源受污染机会较少，但要注意水中的矿物质含量，防止含有矿物性毒物。三是降水，以雨、雪等形式降落在地面而成。这类水受到污染且贮存困难，一般不作为鹅场用水。四是自来水。使用成本较大，一般用于鹅的饮用水和人的生活用水。

三、外部条件要求

外部条件是指鹅场与周围社会的关系，如相互间的环境影响、交通运输、电力供应、信息交流、防疫条件等。

鹅场场址的选择，必须遵循社会公共卫生准则，使鹅场不至于成为周围环境的污染源，同时也要注意不受周围环境的污染。一般情况下，鹅场应远离噪声工厂、居民点和其他家禽饲养场，最好相距3～5千米之外，与公路、市场、屠宰场、家禽仓库等易于传播疾病的地方也要尽可能隔离得远一些。因为许多病原不但容易通过人员、交通工具及猪狗鼠等带来，而且可以通过空气中的尘埃随风传播。鹅舍周围要建2米高的围墙，围墙与鹅舍距离应在30米以上。场的出入口应建消毒池。鹅场要求交通便利，但为了防疫卫生及减少噪音，鹅场离主要公路的距离至少要在500米以上。

选择场址时，还应重视供电条件，必须保证可靠的电力供应，必要时必须自备发电机以保证电力供应。

鹅场还要求通讯方便，场内可通电话、传真机及信息网络等。

四、气候要求

隆冬严寒和酷暑炎热常使许多种鹅停止产蛋，对饲养者来说也意味着经济效益下降。因此，从饲养场地来讲，应当尽量选择在气候长年温暖、夏季无高温、冬季无严寒的地区。但由于鹅的适应性很强，且饲养者可在酷暑采取相应的防暑降温措施，或在严寒季节采取相应的保温措施，因而在我国大部分地区均能养好鹅。

五、青绿饲料供应和放牧条件

玉米、大麦、高粱、小麦、稻谷、饼类等虽是鹅精饲料的主要组成成分，但鹅是草食家禽，养鹅如果仅靠上述精饲料则不能充分发挥鹅的食草特点，同时会增加饲养成本，所以养鹅生产必须有大量的青绿饲料供应，或有足够的放牧草地。每只种鹅一天可以消耗1.5～2.5千克青草，因此，鹅场建设地点，必须有较多或较大的可供放牧的草地，或者能方便地得到草源的地方。

第二节　分区规划

一个完整具有一定规模的养鹅场，应包括生活管理区、养殖生产区和隔离区等（图8-1）。

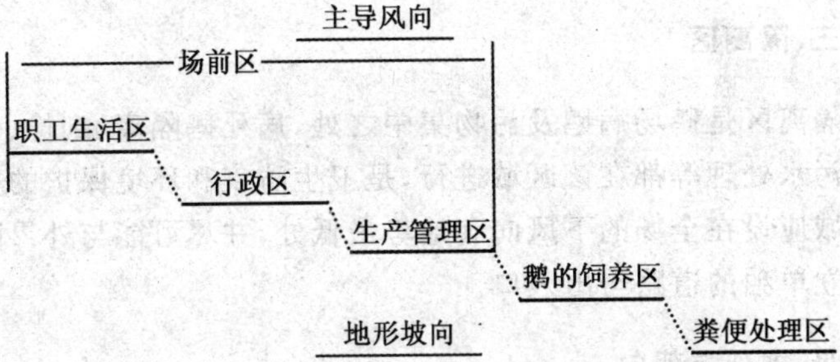

图8-1　养鹅场的设计

一、生活管理区

生活管理区包括职工生活区、行政办公区、生产管理区等，是担负鹅场经营管理和对外联系的区域，该区的位置应靠近大门，并与生产区分开，外来人员只能在这一区域活动，不得进入生产区。场外运输车辆不能进入生产区，车棚、车库均应设在这一区域，职工生活区设在上风向和地势较高处，鹅场大门前应设有车辆消毒池。

鹅场的供销运输与外界的联系十分频繁，极易造成疾病的传播，故场外运输应严格与场内运输分开，负责场外运输的车辆严禁进入生产区。

二、养殖生产区

养殖生产区即鹅的饲养区，是鹅场的核心。为保证防疫安全，鹅舍的布局应从上风向和高地势开始按以下顺序配置，即孵化室、幼雏舍、中雏舍、育成舍、后备鹅舍、成年鹅舍。这样能减少发病的机会，同时也能避免成年鹅舍排出的污浊空气可能造成的疫病传播。

三、隔离区

隔离区是鹅场病鹅及污物集中之处，病死鹅隔离、剖检、化验、粪便污水处理等都在该区域进行，是卫生防疫和环境保护的重点。该区域应设在全场的下风向和地势最低处，并尽可能与外界隔离，应设立单独的道路与出入口。

四、排列与朝向

鹅舍的排列应根据当地气候、地势、建筑物种类和数量，尽量做到合理、整齐、紧凑、美观。鹅舍群一般横向成排纵向成列，呈单列、双列或多列。应尽量避免呈狭长状，因为狭长形布置势必造成饲料、粪便运输距离加大，饲养管理不便，道路加长，投资增加。

鹅舍的朝向应根据当地的地理位置、气候环境等来确定。鹅舍应采取南向，这样可最大限度接受光照以利防寒保温。

五、道路与排水

道路是鹅场的重要组成部分。生产区的道路应分为运送饲料、产品和用于生产联系的净道，以及运送粪便污物、病死鹅的污道。净道和污决不能交叉或混用，场外道路决不能和生产区的道路直接相通，生活管理区与隔离区应分别设有与场外相通的道路。

排水分为场区排水和鹅舍排水，这两个排水系统的管沟不宜通用，以防泥沙阻塞场区排水系统影响鹅舍排污及加大污水处理成本，同时防止雨季污水池漫溢污染场区环境。隔离区要有单独的下水道将污水排至场外的污水处理设施。

六、储粪场

储粪场应靠近道路，有利于清理和运输。储粪场应设在生产区的下风处，与鹅舍之间的距离应保持在30～50米。储粪池的深度以不受地下水浸渍为宜，底部应较结实，要进行防渗处理，以防粪液渗漏污染水源和土壤。粪池底部应有一定的坡度，使粪水可以流向一侧便于取用，粪池的大小应根据牧场鹅群的排粪量多少及贮藏时间长短而定。

七、绿化

绿化不仅有利于场区和鹅舍温度环境的维持和空气洁净，而且还可以美化环境。因此，要搞好道路绿化、鹅舍之间的绿化和场区周围以及各小区之间的隔离林带，搞好场区北面防风林带和南面、西面的遮阳林带等。

第三节　鹅舍建筑设计

鹅舍的建筑因鹅群的用途不同而分为孵化室、育雏舍、种鹅舍、育肥舍等几种。

一、孵化室设计要求

采用天然孵化时，孵化室应选在较安静的地方。孵化室要冬暖夏凉，空气流通，窗离地面高约1.5米，窗要开得小，使舍内光线较暗，以利母鹅安静孵化。孵化室面积每100只母鹅占12～20

米^2。如用木搭架作双层或三层孵化巢，面积可相应减少。舍内地面用黏土铺平打实，并比舍外高15～20厘米。舍前设有水陆运动场，陆上运动场应设有遮阴棚，以供雨天就巢母鹅离巢活动与喂饲之用。

采用人工孵化时，孵化室要求应根据孵化用机具大小、数量而定，具体规格质量要求同孵鸡用孵化室。

二、育雏舍设计要求

3周龄前的雏鹅由于绒毛稀少，体质娇弱，体温调节能力差，故育雏舍应以保温、干燥、通风、无贼风为原则。鹅舍内还应考虑有放置供温设备的地方或设置地火龙。鹅舍内育雏用的有效面积(即净面积)以每座鹅舍可容纳500～600只鹅为宜。舍内成几个圈栏，每一圈栏面积为10～12米^2，可容纳3周龄以内的雏鹅100只，故每座鹅舍的有效面积为50～60米^2。鹅舍地面用沙土或干净的黏土铺平，并打实，舍内地面应比舍外地面高20～30厘米，以保持舍内干燥。育雏舍应有一定的采光面积，窗户面积与舍内面积之比为1∶(10～15)，窗户下檐与地面的距离为1～1.2米，鹅舍檐高1.8～2米，育雏舍前是雏鹅的运动场，亦是晴天无风时的喂料场，场地应平坦且向外倾斜。

三、育肥舍设计要求

以放牧为主的肥育鹅可不必专设育舍，且由于育肥期气候已趋温暖，因此，可利用普通旧房舍或用竹木搭成能遮风雨的简易棚舍即可。这种棚舍应朝向东南，前高后低，为场棚单披式，前檐高约1.8米，后檐0.3～0.4米，进深4～5米，长度根据所养鹅群大小而定。用毛竹立柱做横梁。上盖石棉瓦或水泥瓦。后檐砌砖或打泥墙，墙与后檐齐，以避北风。前檐应有0.5～0.6米高的砖墙，4～5米留一个宽为1.2米的缺口，便于鹅群进出。鹅舍两侧可砌死，也可仅砌与前檐一样高的砖墙。这种简易育肥舍也应有舍外场地，且与水面相连，便于鹅群入舍休息前的活动及嬉水。为了安全，鹅舍周围可以架设旧渔网。渔网不应有较大的漏洞。鹅舍也应干燥，平整，便于打扫。以每平方米栖息 7～8 只 70 日龄的中鹅进行计算。这种鹅舍也可用来饲养后备种鹅。

四、种鹅舍设计要求

种鹅舍每平方米可容纳中小型鹅 2.5～3.5 只，大型鹅 2 只，以每舍饲养 400 只左右为宜。北方舍檐高度为 1.8～2 米，以利保暖，南方相对提高到 3 米以上，以利通风散热，窗户面积与地面面积的比为 1∶(10～20)。舍内地面为砖地、水泥地或三合土地，以保证无鼠害或其他小型野生动物偷蛋或惊扰鹅群。一般舍内地面比舍外高出 10～15 厘米，以利排水，防止舍内汪水。鹅舍的一角设产蛋间，地面最好铺木板，防凉，上面铺稻草，鹅做窝产蛋。种鹅舍外设陆地运动场和水浴池。运动场面积为舍内面积的 1.5～2 倍。周围要建围栏或围墙，一般高度在 1～1.3 米即可。鹅舍周围应种树。高大的树荫可使鹅群免受酷暑侵扰，保证鹅群正常生活和生产。如无树荫或虽有树荫但不大，可在水陆运动场交界处搭建凉棚，见图 8-2。

第四节　常用生产设备

一、孵化机

孵化机的类型　孵化机的类型多种多样。按供热方式可分为电热式、水电热式、水热式等；按箱体结构可分为箱式（有拼装式和整装式两种）和巷道式；按放蛋层次可分为平面式和立体式；按通

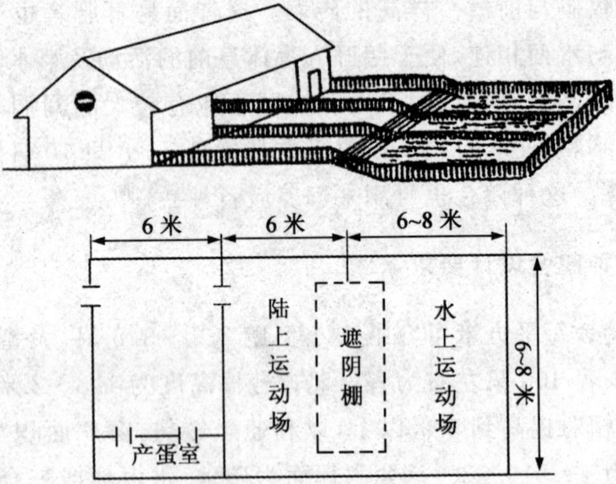

图 8-2 种鹅舍立体图、平面图

风方式可分为自然通风式和强力通风式。孵化机类型的选择主要应根据生产条件、生产规模和孵化机的性能来决定。

二、育雏伞

由伞、火炉、烟道及铁网罩组成，烟道通向舍外，使用时严防煤气中毒死亡。伞用白铁皮制作，火炉内壁应涂抹一层 4～5 厘米厚的黄泥，以防散热过快造成暴热。在距火炉 15 厘米处，围上铁丝网罩。炉下要铺设一层砖，防止铺草和雏鹅靠近火炉发生危险。育雏伞设在育雏室中间。火炉大小由舍内面积决定，如舍内面积过大，可增加火炉。

电热育雏伞是用铁皮或纤维板制成伞状，伞内四周安装电热丝，连通一温控器，伞的四周可用 20 厘米高的围栏圈起来，喂食时可适当扩大，饮水器放在围栏内。每个育雏伞可育雏鹅 200～300 只，这种方法管理方便，节省人力，容易保持舍内清洁。

三、自温育雏栏

在气温比较暖和的地区，用大小长短不同的席子，在舍内围成若干个小栏，栏内铺上垫草，栏上面加以木条覆盖被单等保温物。每个小栏容纳 10～12 只雏鹅为宜。以后随雏鹅日龄增大而扩大面积或减少雏鹅只数。

四、自温育雏箱

自温育雏箱是依靠雏鹅自身所发出的热能用纸箱、箩筐、草囤保温维持所需的温度。自温育雏可节省燃料，但管理费工，适用于小规模育雏。

五、饲槽与饮水器

应根据鹅的品种、类型和不同日龄的雏鹅配以大小高矮适宜的饲槽。没有水池的运动场要设水槽或水盆，其大小和多少可根据每只成鹅每天饮 1 千克水进行估算。饲槽和水槽周围，用粗铁丝编成有一定空隙，使鹅头颈部伸入饲槽和水槽内采食和饮水。每天要洗刷消毒，保持清洁卫生。

六、产蛋窝

产蛋窝在母鹅开产前应及早搭好，一般多采用开放式产蛋窝。即在鹅舍的一角用围栏隔开，地上铺以垫草，让鹅自由进入产蛋。一般宽×长×高的要求是 50 厘米×60 厘米×60 厘米。平均 2～3 只母鹅设一个产蛋窝即可。

第五节 鹅的集约化饲养管理方式

一、网上(栅上)平养

就是把鹅养在铁丝网和竹木栅条上,鹅粪可以经网眼和栅缝漏到地上,到饲养结束时再用机械一次清除或经常清除。笼舍内也有自动食槽和自动饮水器。这种方式不用垫料,可机械化给料、清粪,并能改善鹅舍内的卫生条件。

1. 网上平养肉用仔鹅

网上平养肉用仔鹅分1～20日龄、21～40日龄、41～65日龄3个阶段,各阶段饲养密度每平方米分别为10只、6只、4只,网眼的孔径分别为16毫米×16毫米、20毫米×20毫米、20毫米×30毫米。有的还在网上分隔若干个208厘米×208厘米的小圈,小圈上方敞开,隔网高度为50厘米,圈内装有箱式食槽和槽饮水器,饲料由传送器输入料箱。小圈可打开,以便把雏鹅赶到鹅舍的一端。鹅粪由装在网下的刮刀清除。这种设备生产过程全部自动化,可把鹅从1日龄养到屠宰上市。一般认为,网上平养的密度,以每群20～25只为好,当鹅群密度增大时,会影响鹅的增重,如果增加到每群80只时,鹅的羽毛生长较差。

2. 网上平养种鹅

种鹅网上平养时,网板约占鹅舍面积的20%～25%,网上放饮水器和食槽,鹅舍前有洗浴沟和硬地面的日光浴场。洗浴沟加水20～30厘米,每周换水和清沟1～2次。为防止水中出现浮游生物,可按每100升水加1克硫酸铜进行处理。

种鹅栅上平养时,板条地面是用上宽2厘米、底宽1.5厘米、高2.5厘米的梯形木条组成,木条之间的距离为1.5厘米。

二、笼养

将鹅养在金属笼内，通常分为两层，饲养密度比垫草平养法高75%。鹅粪通过笼底的网眼落到地上，机械清粪，机械喂料和给水。这种方式的优点是饲养密度高，清洁卫生，劳动生产率高，但是生产工艺复杂，间通道容易弄脏，成本偏高。

1. 笼养肉用仔鹅

笼养的笼组有多种，每一种又有不同的型号。试验证明，仔鹅可长时间笼养，未发现骨骼、腿和翼脆弱以及胸骨上有囊肿的情况。实践证明，笼养雏鹅，密度以稀为好。

2. 笼养种鹅

笼养种鹅的笼，宽 100 厘米，深 70 厘米，高 90 厘米（母鹅）或 100 厘米（公鹅）。每笼放种鹅 2～3 只。笼底用直径 5 毫米的钢丝做成。母鹅笼底网的坡度为 12℃，以便于鹅蛋滚到集蛋装置上。槽式饮水器深 6 厘米，上沿宽 8 厘米。食槽位于饮水器的同侧，食槽深 10 厘米，宽 18 厘米，上沿有宽 1.2 厘米的可防止抛撒饲料的遮檐。

三、垫草平养

即在舍内平地上撒上垫草，将鹅养在垫草上，在垫草被弄脏搞湿后不予清除，而是在其上再加上垫草，如此反复，直到鹅出圈后一次性清除垫草。这种方式节省了更换垫草的劳力，垫草内的微生物活动还能产生一定的热量，这在冬季比较有利。舍内放有自动食槽、自动饮水器。这种方式的缺点是耗费垫料较多，潮湿的垫草会污染羽毛，使胸部羽毛脱落。

鹅的垫草平养，鹅舍建筑比较简陋，但跨度较大，舍内垫草，四周设产蛋箱，中间放食槽和自动饮水器。一般每平方米养种鹅2～3 只，育肥鹅密度可适量增加。舍外有较大的运动场和洗浴沟。运动场中放有人字形防雨屋顶的露天自动食槽，食槽一般长1.5米、宽0.6米、高0.7米，四周用木条钉成间距为10厘米的木栅栏，内贮全价配合颗粒饲料供鹅自由采食。运动场边上有草架、离地约0.5米，架长约2米、宽约0.7米、高约0.5米，内放干草或青草，供鹅自由采食。

第九章　鹅的加工与利用

养鹅不仅能获得较高的收益,鹅的加工利用也同样能获得较高的效益。鹅的加工就是对鹅及其产品进行一定的工艺处理,使之利用方便、贮存持久、风味增加、提高价值的过程。主要包括:鹅的屠宰、冷藏、鹅体分割、制作各种鹅产品的制品、分级去杂乃至烹调等。

通过对鹅及其产品的加工,有利于充分利用生产资源,满足市场多种需要,提高养鹅业的经济效益,保障人身健康,减少环境污染危害等。随着畜牧业产业结构调整,鹅产品的加工利用将是提高养殖业附加值的有效手段。实现从初级产品到深加工产品,从一次利用、几次利用向综合利用方向发展,提档升级,增加收入。

第一节　鹅屠宰加工条件及卫生要求

根据《动物防疫法》、《食品卫生法》规定,鹅的屠宰及其附产品的加工要符合动物防疫条件,经检疫合格的作为食品,因此,还要符合食品卫生条件。在鹅的加工、利用过程中,卫生条件很重要,防止污染。

一、环境、卫生要求

加工场地是个十分重要的环境条件,既要防止它对周围环境的污染,也要防止外界环境对鹅产品的污染。加工场所应当与居民区保持一定距离,不得设在闹区,要交通方便。水质符合国家规定的标准。有必要的检验设备、消毒设施和消毒药品及对污染物处理设施，具有鹅及其产品的无害化处理设施。

工作间墙壁、天花板应采用光滑材料。墙壁下部应铺贴2米以上高度的浅色瓷砖。地面以水磨石为好，耐腐蚀，耐蒸汽杀菌，并有1～2度的坡度，便于冲洗。墙与地面交接处要呈内圆角。门、窗应尽量采用平面结构，以便清洗，外加纱门、纱窗。地沟应严密加盖，排水管要装有防止臭气逸出的弯管，下水道口要有地漏和盖子，一般为每40米^{2}1个，屠宰间每20米^{2}1个。有大量水蒸气的加工地段，要安装局部的抽风装置，减少水蒸气积聚及形成冷凝水滴下，造成污染。内部必须有足够的洗手设备，并采用脚踏式开关。废场及垃圾箱应距离加工场地25米以上。

屠宰加工场地要经常进行清洗、消毒。每天要有进货、检疫、检验、加工记录。

二、加工设施设备及卫生要求

鹅及其产品的加工设备和用具，必须符合卫生标准和卫生管理办法的规定，便于清洗和消毒。严禁使用酚醛树脂、废旧塑料及国家规定不允许使用的含有毒有害物质的原料生产的设备、工具。严禁使用镀镉设备，不能用镀锌铁皮，要尽量降低润滑油的使用量，并防止滴漏污染食品。最好使用不锈钢，也可用铝合金、搪瓷、玻璃以及无害塑料制品。

加工设备和用具应当经常清洗、定期消毒。可用加热消毒，消毒前洗净物件上的污物，尤其是油污。清洗，一般先除去鹅体残渣，用45～50℃的温碱水洗涤，再用50℃左右的温水或冷水冲洗。加热消毒，对较小的工具、设备等，用100℃水煮沸1～5分钟；对于管道、冷排、墙地面，可用100℃蒸汽消毒5分钟。也可用化学消毒的方法，如用碳酸钠500克、磷酸钠260克，加水15升，临用前稀释9倍，消毒冷藏车。

三、冷藏设施及卫生要求

鹅屠宰后为延长保存时间，通常利用低温条件阻止、减缓微生物繁殖，降低酶和氧的活动，减缓其化学反应。冷藏法是现代保藏肉和肉制品最好的方法，是保证市场供应、保证食品质量的有效措施。常用的冷藏设备有：

1. 冷库

冷库内所需要的恒低温是制冷系统和冷库的绝热建筑来保证。冷库的外墙、顶棚和地面都有一定厚度的绝热材料。阻碍内外的热导，使库内温度受外界温度的影响大为减少。冷库按库容量分为 3 类，5 000 吨以上的为大型冷库，1 500～5 000 吨之间的为中型冷库，1 500 吨以下的为小型冷库。速冻间温度为－28～－23℃，冷藏间温度为－18℃以下。

2. 组合式冷库

组合式冷库又叫装配式冷藏库或活动冷库。装配和拆卸方便容易，容量范围在 10～100 米^3。

3. 冷藏运输车

用于畜禽类产品的冷藏运输汽车有多种，容量在 10 米^3 左右，温度可达－8～－5℃。

4. 冷藏柜

冷藏容量多在 5 米^3 以下，温度一般为－15～－5℃。

其卫生要求主要是做好消毒。在每次清库时打扫干净，实施消毒。

第二节　鹅的收购、屠宰与分割

随着畜牧业产业结构的调整，鹅的饲养量增加，鹅的消费也由千家万户分散手工屠宰，逐渐成为规模化工厂化屠宰加工，甚至分割上市销售，有利于改善卫生状况，增加经济效益。

一、鹅的收购、运输及检疫管理

活鹅的质量直接关系到鹅加工的质量，因此，收购活鹅时必须严格检疫及质量检验把关。

（1）根据《动物防疫法》规定，动物出售、运输等必须由动物卫生监督机构的动物检疫员实施检疫，经检疫合格出具检疫证明，才能收购、销售、运输等。活鹅检疫分为群体检查和个体检查。群体检查，主要是观察鹅群精神状态是否正常，有没有缩颈、垂翅、羽毛松乱、闭目孤立等不正常情况；听鹅的呼吸是否急促、困难，有否发出“咯咯”、“咕咕”等怪叫声或气喘声。用竹竿略赶一下鹅群，看是否有跟不上群的、伏地的、只鸣叫不动弹的鹅。对发现可疑的，要采取个体检查。个体检查时，左手捏握鹅的双翅，先看头部、口腔、鼻孔，再仔细观察眼睛。再用右手触摸食道膨大部，判断是否有积食，挤压时是否有气体或积水的感觉，倒提时口腔内有否液体流出。然后，拨开胸腹部绒毛，观察皮肤有无创伤，是否有发红、僵硬等现象。查看肛门周围粪便沾污情况，观察肛门张缩情况及色泽。最后，将鹅提近耳边，拍鹅背，听其声音是否正常。

在检查中发现病鹅及可疑鹅，关入隔禽圈，进一步确诊，并了解鹅的来源，以便采取紧急措施。

（2）除了检疫还必须对鹅的加工价值作出判断。活鹅收购的等级、规格，因各地习惯、鹅的品种、加工用途不同而不同。一般要求活鹅羽毛齐全，干毛平嗉，一般膘，无病无伤。例如江苏某地的收购等级、规格如表 9-1 所示。出售等级与规格如表 9-2 所示。

活鹅的运输要求安全，努力防止或尽量减少掉膘减重。运输前，应喂容易消化的饲料，装笼时，再做一次健康检查，对运输车、船、笼等给予严格消毒。运鹅的笼底部最好垫些柔软的物品，如稻草等。运输过程中，夏季要防止日晒、雨淋，冬季要防风、防冻。运输路途较远时，途中应当供水，保持通风良好。水上赶运时，鹅群不宜过多，一般不超过 2 000 只，赶运速度不宜过快，以每天 15 千米为好，途中每天喂料 2～3 次。

表 9-1　活鹅收购等级与规格

等级	规格
一等	≥2.75 千克
二等	≥2.25 千克，<2.75 千克
三等	≥2 千克，<2.25 千克
等外	≥1.5 千克，<2 千克

表 9-2　活鹅销售等级与规格

等级	规格
一等	≥2.5 千克
二等	≥2 千克，<2.5 千克
三等	≥1.75 千克，<2 千克
等外	≥1.5 千克，<1.75 千克

二、屠宰前准备

1. 确定屠宰计划

了解鹅只出栏、收购数量，考虑自身屠宰加工能力及运输、销售能力，调研和预测加工后各类原料产品销售市场、产品流向以及价格等。依据这些因素确定屠宰数量和收购、屠宰进度。

2. 设备和用具准备

屠宰前要完善、调试相关加工设备。如果是手工屠宰加工的应将屠宰场地、设备及用具准备齐全；如果是机械化或半机械化屠宰加工，应检修设备，配齐零部件，并试车运行，达到正常状态。

3. 包装用品及存放场地准备

屠宰加工过程是分别采集各类产品的过程，因此对产品需要的包装用品应有足够的准备，并要确定存放场地。每类产品需用什么包装、需要量及场地大小等，应根据屠宰规模、数量及产品出售时间确定。如果屠宰规模大、数量多，短时间难以售出的，就需要较多的包装材料和较大的场地。

4. 人员准备

屠宰加工生产环节较多，各环节均需事先配备专人，并要进行上岗前的技术培训，确保每个生产工人懂得自己岗位的技术要求和质量要求，以便在整个生产过程减少浪费，降低成本，提高产品质量和经济效益。

三、待宰期饲养管理

活鹅运到加工厂后，应当有一个待宰的过程。活鹅经收购、运输，由于环境改变及多种刺激，鹅易产生应激现象，精神紧张，体力疲劳，抑制或破坏了正常的生理机能，抵抗力降低，血液循环不正常，血中微生物含量增加，表皮易充血，肌肉内所含的乳酸量增加，这时屠宰会影响屠体和肉的品质。

1. 检疫

活鹅运达后，先由动物检疫人员进行接收复检，并在待宰期的饲养管理中进行定人、定时的观察检疫。复检合格的活鹅，应按产地、批次、强弱等分群、分圈饲养管理。发现病鹅要及时剔去隔离饲养，进行诊断和治疗。患中毒病的鹅，严格禁止混同大批健康鹅集中加工；患急性传染疾病的鹅，应当另行处理，不允许与大群健康鹅一起加工。允许宰杀的病鹅，应在专门的急宰间单独宰杀并处理。病鹅所接触的禽舍、场圈、食槽、水槽等，要消毒。其粪便等垃圾，要集中进行发酵或灭菌处理。不允许宰杀的病鹅，应在保持其完整的情况下，做焚烧或深埋处理。

2. 休息

活鹅在运达后到宰杀前，应当给鹅 12～24 小时的休息，以消除疲劳，促使生理机能和血液循环逐步恢复正常，肌肉中的乳酸含量降低，有利于宰杀时充分放血，保证肉品质量。待宰圈或场地应防热、防晒、防雨、防冻，保持空气流通和环境安静。在管理中应避免剧烈运动、过度拥挤、恐吓、抽打，防止滑跌、挤压、争啄，以保证休息，提高胴体品质。

3. 停食

活鹅在宰杀前应进行12～24小时停食。停食的时间与饲料的性质有关。喂青饲料的，停食几小时后即完全消化；喂干燥或浸泡不充分谷物的，一般停食9～14小时。停食能促进排出粪便，减少胃肠内容物，屠宰后便于拉肠去管。暂时的饥饿可促进蛋白、脂肪、糖元的分解代谢，有利于肉的成熟，改善风味。停食期间，每隔3小时扫除一次粪便，并缓缓哄赶鹅群，促进鹅只排泄。地面宜为水泥地面，不应有泥土、沙石、杂草，以防鹅饥饿啄食。

4. 给水

在停食的同时，必须给鹅充分的饮水。水槽的长度或水盘的数量要充足，防止抢着饮水而引起挤压。饮水可以保持鹅正常的生理机能活动，降低血液黏度，便于放血干净。到宰杀前3小时左右，要停止饮水。以免肠胃内含水过多，宰杀时流出造成污染。

5. 清洗

鹅在宰杀前要进行清洗，可以使鹅体清洁，改善操作的卫生条件，保持宰后的胴体清洁；也可使鹅精神舒畅，脉搏增强，促进血液循环，做到放血完全，延长鹅肉的保存时间。可以在通道上设置数排淋浴喷头，在经过时完成淋浴；也可在通道上设置人造浅水池，任其走过，达到清洗目的。

四、鹅的屠宰与分割及检疫管理

1. 屠宰

活鹅经过屠宰的一系列工艺过程就成为胴体。这一段过程叫屠宰加工，是鹅加工的最主要部分，直接影响肉的质量和综合利用。

分散、小型的屠宰点通常是手工宰杀，工艺过程是：宰杀→放血→浸烫→去毛→清洗→开膛→拉肠→整理→包装或送下一步加工。集中、大中型的屠宰厂一般是机械化操作，工艺过程是：挂鹅→宰杀→放血→浸烫→脱毛→清洗冷却→拨细毛→剪肛门→拉肠→净膛→去头→割脚→分级→包装或送下一步加工。从总体上看，基本工艺相同，只是个别环节因加工条件和加工需要的不同而略有变化。

①送宰。是指将待宰的鹅只送达宰杀岗位。送宰注意事项有三点：一是每批数量适宜不得过多，不得用棒打；二是将不同品种、不同颜色的鹅只分开，分别送宰，以保证羽毛颜色的纯洁；三是点数准备，以保证投料数与成品数量相吻合。

②宰杀。由于加工习惯和鹅产品利用目的不同，故而宰杀的方法也不一样，常用的宰杀方法有两种：一是颈部宰杀法。又叫切断三管宰杀法，即在靠近鹅头的颈部下方，先拔去一些羽毛，用刀横着切断颈部的血管、气管和食管。宰杀时要注意把颈部两侧的血管都切断，否则出血慢或放血不净，造成次品。刀口不宜过大，越小越好。这种杀法操作简单，但是由于刀口暴露，易造成微生物污染，也影响胴体的外观；食管也被切断，食管与胃的内容物易流出，污染血液。一般的家庭、小屠宰点手工屠宰及加工罐头和分割鹅肉时，可以采用这种宰杀法。二是口腔刺杀法。即先将鹅倒挂起来，用左手掰开鹅的上下喙，右手持刀，将刀尖伸入口腔至颈部第 2 颈椎骨处，割断颈静脉与桥状静脉连接处，接着抽回刀将刀尖顺上颌裂缝，与鹅头成 30 度角插入，在鹅眼的内侧斜刺延脑，破坏羽毛肌的神经中枢，使羽毛易于拔脱，促进早死。刺脑要准，不能刺得过深，戳破头顶，形成破伤，造成次品。这种刺杀法，外部没有伤口，胴体外观好，不易污染，放血也安全。集中宰杀的屠宰厂，都

是采用这种刺杀法。加工半净膛白条鹅(光鹅)时,应采用口腔刺杀法。

③放血。宰杀后放血即开始,一般放血时间为 3～5 分钟,要求放血充分。放血时间过短,会造成放血不良,胴体色泽不好;放血时间太长,会形成尸僵,不容易脱毛,造成带毛或破皮。为了便于放血,鹅在宰杀以后,要将鹅舌从嘴内挤出,向上扭转拉出,嵌在嘴角外面。在未刺延脑的情况下,鹅在血液将放完时,常表现最后的挣扎。放血完全,鹅胴体内无淤血、表面无淤血点,白净、外观美,有利于保证胴体的品质,延长鹅肉的贮存时间,也有利于市场销售。

④浸烫。在鹅血放干净、鹅已死透后,应立即浸烫。如在鹅尸冷后再浸烫,因毛囊收缩,影响脱毛。浸烫的目的就是为了便于脱毛。浸烫鹅的水温,宜为 65～68℃,新鹅低些,老鹅高些。分为机械浸烫和手工浸烫。机械浸烫优点是可以提高劳动效率,降低劳动强度,适合较大规模鹅加工厂。一般在长方形圆底的热水槽内装有胶管或胶齿的转轴,在电动机带动下,有规则均匀上下搅动,经过一定时间即可把鹅烫透。手工浸烫通常又有两种操作,一种是分批浸烫,另一种是逐只浸烫。浸烫时间一般控制在 30 秒钟至 1 分钟的范围内。浸烫时,必须上下左右不断翻动,使鹅体完全烫湿,受热均匀。浸烫水温不能过高,时间不能太长,否则毛绒卷曲抽缩、色泽变劣;表皮的肌蛋白凝固,皮的韧性减小,脱毛时易破损;脂肪溶解,从毛孔渗出,表皮呈暗灰色,肉品质下降。一般认为,当鹅头部和腹部的毛容易拔下时,表明浸烫已经到位。

⑤拔毛。浸烫到位后要立即迅速拔毛。拔毛方法有两种。一是手工拔毛。手工拔毛时,要按羽毛分布区域和生长特点,用不同的方法,依一定的顺序拔毛。翅羽片长根深,要先拔除,并剥去喙壳与脚皮。然后,顺序拔不同部位的毛:右翅带肩羽,左翅去背毛,顺拔胸,倒搓颈,最后拔尾毛。二是机械拔毛。机械拔毛是在脱毛

机内，通过相对排列的橡胶指棒高速运转的揉搓，完成脱毛作业。机械去毛的效率比手工拔毛高得多，但脱毛率约95%，剩余的小毛还要用其他方法去掉，叫修毛。过去一般是用松香修毛，在松香中掺11%油脂（食用油），加热熔化，将鹅体浸入其中，后立即取出放入冷水中约数秒钟，使松香凝固成胶膜，待外表不发黏时取出，将胶膜打碎剥下，绒毛就被粘除。制备拔毛剂时，松香先要加热到200～230℃，要充分搅拌，使其成胶状液体，再移入保温锅内，保持120～150℃备用。拔毛时，鹅的头部不要浸入松香中，以防止松香灌入鹅口、鼻中，影响食用。拔毛后，要将松香去除干净，不残留。现在多用蜡代替松香作为脱羽的介质来修毛，也有用手工修毛，即用温度保持在25℃以下的温水，边洗鹅，边搓鹅，去掉残留的绒毛。个别未去掉的绒毛，再用镊子拔除。

⑥蒸拔法。蒸拔法是近几年人们为了提高羽毛利用价值，按羽毛结构分类和用途的一种采集羽绒的新方法。这种方法能按羽绒结构分类及用途分别采集和整理，也能使不同颜色的羽绒分开。但比较费工，屠体表面毛茬难以处理干净。操作方法是在沸腾水表面10厘米以上放蒸笼，把鹅体放在蒸笼内，盖上锅盖加温，蒸气蒸1～2分钟，拿出来先拔两翼大毛，再拔全身正羽，最后拔取绒羽，拔完后再水烫法，清除体表的毛茬。

⑦屠体整理。分为除小毛和洗嗉血两步骤。除小毛分为手拔毛和松香油拔毛法：手拔毛，即采用浸水拔毛的方法。夏季用冷水，冬季用温水，水温控制在20℃左右。拔毛时将背部朝下，头向拔毛者，按一定顺序拔毛；松香油拔毛，即按每50千克原料中纯净精炼一级品松香89%，食油（豆油、花生油或炼过的猪油）11%配料，先将食油放入烧热锅内，将油炼除水分后，将松香加入至全部熔化，温度220℃左右，冷却至150℃左右，将待拔毛的光鹅一手抓住嘴、一手抓住脚，全身浸入约2秒即提出放冷水池中10～20秒，推剥拔毛。洗嗉血亦称洗淤血，一手握住头颈，另一手的中指用力

将口腔、喉部或耳侧部的淤血挤出，再抓住鹅的头部在水中上、下、左、右摆动，把血污洗净，同时顺势把鹅的嘴壳和舌衣拉去。

⑧净膛。即将屠体体腔中的内脏去除，成为净膛的白条鹅或光鹅。根据不同的要求，加工有所不同。一是全净膛。将拔完毛的鹅胴体放在清水中浸冷，然后再净膛。小型屠宰点和一般家庭，净膛多是在胸骨后至肛门的正中线切开腹腔，扒开胸腔，将体腔中的全部内脏（包括肺）取出，以便烹调食用。正规的加工厂，都不切开腹壁，而是在肛门四周剪开，剥离直肠、食道，将内脏全部掏出（肺除外）；或者在翅下胴体侧部开一切口，将内脏全部挖出。这种全净膛的白条鹅，可供加工盐水鹅、烤鹅、烧鹅等用。二是半净膛。净膛时先开肛，即在泄殖腔下部纵割一个长 6～8 厘米的口子，或在肛门四周剪开，用左手按压腹部，右手食指伸入切口内，将直肠与肛门边连接处剥离，拉出肠头，用手指伸入腹腔将胆囊从肝脏连接处拉开，再以中指勾住十二指肠，将胰脏分离，把肠管连同胆、胰、生殖器官拉出体外，并去除气管、食道。这种半净膛的白条鹅，可供出口等用。

⑨整形包装。将净膛后的白条鹅放在清水中，洗净其口腔内的杂物，并将鹅胴体内外冲洗干净，悬挂淋干，这时已可上市或转入下一步加工。如要将鲜白条鹅加工成冻白条鹅，则要分级、整形、装袋、冷冻。整形时，将两翅反折，双腿弯曲，紧贴鹅体，双脚趾蹼分开贴平，然后装入仪器塑料袋中，转入冷藏加工。

白条鹅（光鹅）的分级标准不统一。有的要求外表光洁，无羽毛残留，表皮无破损，重量在 2.1 千克以上的为一级，重量在 2.1 千克以下、1.6 千克以上的为二级。

2. 分割

就鹅体来说，各部分的风味和加工烹调方法不同，消费者又有不同的喜好，鹅胴体的分割就应运而生。分割鹅，体积小、易携带、好冷藏、适烹调、对口味，受到消费者的普遍欢迎，尤其是受到快餐、营养餐制作者的欢迎。

鹅胴体的分割是在屠宰工艺的净膛工序后进行，具体工艺流程因需要而异，通常有以下几道工序：

①去爪。用尖刀分别在跗关节处取下左、右爪，要求刀口平直、整齐。

②去翅。用尖刀分别在肩关节处卸下左、右翅，要求刀口平直、整齐。有的加工单位则是在去左爪后去左翅，去右爪后去右翅。

③去头。在下颌后环椎处，平直斩下鹅头，要求带舌，去除嘴角皮。

④去颈。在颈椎基部与肩的联合处，平直斩下颈部，去掉皮下的食管、气管及淋巴。要求在第15颈椎处斩下，前后可相差1个颈椎。

⑤取胸。在胸骨后端剑状软骨处下刀，沿着肋骨与胸骨的连接处，分别从左、右两侧使其分离，直到前方与乌喙骨分离，取下整个胸骨及其上的胸肌。整块胸可以作为产品；也可以用刀沿胸骨脊左侧，把胸肌纵切两半，取下左侧胸肉、右侧胸肉作为产品；还可以先沿胸骨脊左侧和脊椎骨左侧，把胴体劈半，再用刀由剑状软骨至髋关节前缘处，把左右两胴体横切成4块，其中胸部的两半边分别作为Ⅰ号硬边鹅胸肉、Ⅱ号软边鹅胸肉。

⑥取腿。可先在左侧腿与躯体连接处，用刀在髋关节处取下左腿，再在右侧用同法取下右腿。也可以在上述取胸胴体劈半，切成4块后，把其中腿部的两半边分别作为Ⅲ号硬边鹅腿肉、Ⅳ号软边鹅腿肉。

⑦修整。将分割好的鹅块进行整理，用干净的毛巾擦去血水，检查有无碎骨，修净伤斑、结缔组织、杂质等。要求洗净，无破伤，无碎骨，无其他污染。

⑧整形套袋。分割好的鹅块，按品种、规格，分架摊冷，尽量不重叠，在0～4℃的预冷间预冷1～2小时后，肉温不高于20℃时即可包装。头、颈、爪分别按重量装塑料袋，几大块则每块装一小塑

料袋。

由于需要和分割工艺的不同，有的可带骨，有的可不带骨，有的有剩余的带肉骨架，有的则没有。

3. 鹅肉新鲜度的检查

主要是判断鲜鹅肉、分割肉及解冻肉的新鲜程度和利用价值。它是以测定肉腐败分解产物及所引起的外观变化和微生物的污染程度作为依据的。

(1)感官检查。这是依靠人的感觉器官进行检查，方法简单易行，适宜作现场初步检查。国家标准如表 9-3 所示。但是，感官检查只有在肉已深度腐败时才能被察觉，并且不能反映出腐败分解产物的客观指标。

表 9-3 鹅肉的感官检查

性状	一级鲜度	二级鲜度	变质肉
眼球	眼球平坦，冻品或稍凹陷	眼球皱缩，晶体稍浑浊	眼球干缩凹陷，晶状体浑浊
色泽	皮肤有光泽，因品种不同呈淡黄色、乳白色或淡红色，肌肉切面有光泽	皮肤无光泽，肌肉切面有光泽	皮肤无光泽，局部发绿
黏度	外表稍湿润，不粘手	外表干燥或粘手，肌肉切面湿润	外表干燥或粘手，新切面发黏
弹性	肌肉有弹性，指压凹陷不明显	肌肉弹性差，指压后凹陷恢复慢	肌肉软化，指压后凹陷不能恢复，有明显痕迹
气味	具有鹅肉固有的气味	有轻度异味	体表或腹腔有不快味或臭味
煮沸后肉汤	透明澄清，脂肪团聚于表面，具特殊香味	稍有浑浊，脂肪呈小滴浮于表面，香味差，但无脂肪变质等异味	浑浊、发泡、脂肪滴小，有腥臭味

注：表中的变质肉一栏不是国家标准，附上供参考。

(2)细菌污染度检查。由于肉的新鲜度降低主要是细菌繁殖的结果,因而直接测定肉的细菌污染情况,不但比感官检查更客观地判定新鲜度,而且能反映出生产、贮藏、运输、销售中的卫生状况。检查通常包括三个方面。

①细菌数测定:用棉拭法采样,平板倾注法作细菌计数,当细菌数超过每平方厘米5 000万个时,感官上即出现腐败症候。

②涂片镜检:据表层和深层肌肉的球菌和杆菌的分布情况及数量,大体判断肉的新鲜度。新鲜肉涂片或触片看不清痕迹,染色不明显,表面肌肉可见到少数几个球菌和杆菌,深层见不到细菌。次鲜肉触片稍有痕迹,易着色,表面肌肉可见到每个视野有20～30个球菌、几个杆菌,深层有不到20个球菌和杆菌。不新鲜肉触片污痕重,着色浓,表层大量球菌、杆菌,严重时不可计数,深层有30个以上,杆菌占优势。

③色素还原试验:根据细菌生命活动产生还原酶类能使指示剂变色的原理,间接测定污染程度。常用的指示剂有美蓝、刃天青和氯化三苯基四氮唑。

(3)生物化学检查。这是以生化方法寻找蛋白质、脂肪的分解产物,进行定性、定量分析。测定项目较多,常用的项目如硫化氢试验、胺测定、酸度——氧化力测定、挥发性盐基氮测定、挥发性脂肪酸测定等。国家标准规定进行挥发性盐基氮的测定,每100克中的含量≤13毫克为一级鲜度,等于或小于20毫克为二级鲜度;另外,每千克肉的汞含量应≤0.05毫克。

此外,对于加工者来说,活鹅屠宰的鹅肉与死鹅屠宰的鹅肉,质量与利用价值相差很大,必须鉴别后分别利用。这两种鹅肉的鉴别见表9-4。

表 9-4 活鹅屠宰与死鹅屠宰的鉴别

项 目	活鹅屠宰	死鹅屠宰
放血切面	放血良好,肌肉切面不平整,周围组织被血液浸润,呈鲜红色	放血不良,肌肉切面平整,周围组织并不浸润血液,呈暗红色
皮 肤	表面干燥紧缩,常带微红色	表面粗糙,暗红色,有青紫色死斑
脂 肪	乳白色或淡黄色	暗红色
肌 肉	切面干燥,有光泽,肌肉有弹性,呈玫瑰红,胸肌白中带微红	切面不干燥,暗红色,无弹性

4. 检疫

检疫按屠宰、分割依次进行。皮肤、全身浆膜检查。检查皮肤是否光洁,皮肤、浆膜是否有出血斑。剖检头、颈、口腔、气管黏膜,检查是否有出血、浆液性、黏液性分泌物,检查上腭表面是否有异常情况。检查肝、脾是否肿大,表面是否有黄白色坏死点,肝、脾、肠及肺等器官表面有灰白色或黄色的小结节。检查心包内是否有浆液性纤维素性渗出液,心内膜、外膜是否有出血点;必要时,可以剖检盲肠、直肠等肠疲乏是否有出血,异常、溃疡。重点检疫禽流感、鹅鸭瘟病、禽结核等疫病。

5. 保存

鹅肉营养价值较高,但也易腐败变质。其最主要原因是由于微生物作用、发酵作用和氧化作用,从而引起鹅肉中的蛋白质分解和脂肪酸败。其中以微生物作用最为严重。微生物必须在温度、水分、空气等外界环境条件适宜时才能活动。研究表明,微生物在10℃不通风的气温条件下,24 小时就可以使鹅肉变质。保存鹅肉的方法很多,我国农村有熏、腊、风、腌等技术。从经济效果看,采用低温保存还是比较合适的,既方便又适宜大批量保存、生产的运输。保存温度越低,其保存时间就越长。我国出口禽肉冻结温度要求不高于－6℃，贮存肉不得高于－12℃。国际上要求达到－18℃。鹅肉的冷冻、冷藏工序一般为：预冷—装盘—速冻—包装—冷藏。

第三节 鹅肥肝的加工

鹅肥肝是指对达到一定日龄、体格健壮、生长发育良好的肉用仔鹅，通过在短期内人工强制填饲大量的高能饲料，使其快速育肥，在体内和肝脏中大量沉积脂肪，从而形成比正常鹅肝大5～6倍的特大脂肪肝。肥肝的脂肪大多是对人体有益的不饱和脂肪酸，营养价值高。据测定：肥肝脂肪含量达37.5%～57%，比正常肝的6.4%～6.6%高出数倍。研究表明，肥肝中的脂肪主要由不饱和脂肪酸组成，占65%～68%，易被人体消化吸收，比羊油的37.4%、牛油的48.4%、猪油的54.1%均高，接近植物油棉籽油的水平。肥肝中不饱和脂肪酸还包括油酸61%～62%，亚油酸1%～2%，棕榈油酸3～4%；饱和脂肪酸占33%～35%，其中软脂酸21～22%，硬脂酸11%～12%，肉豆蔻酸1%。不饱和脂肪酸能降低人体血液中的胆固醇水平，减少胆固醇类物质在血管上的沉积，减轻与延缓动脉粥样硬化的形成，对人体健康长寿有益。肥肝中的亚油酸属必需脂肪酸，人体内不能合成，只能从食物中摄取。另外，肥肝中含有较为丰富的卵磷脂、甘油三酯、脱氧核糖核酸及多种维生素。都是人体生长发育所必需的营养物质。因此肥肝质地细嫩，脂香醇厚，香味独特，是餐桌上的一道珍贵佳肴。

鹅肥肝外形厚实，两叶发育匀称，一般重300～900克。大者可达1 890克，为正常肝重的几倍至几十倍。法国是世界最大的肥肝生产国，也是世界上最大的肥肝消费国，年消费量达4 300吨左右，每年从匈牙利、以色列、波兰等国进口肥肝达1 600吨以上，以满足国内消费需要和外贸上的需求，全世界生产的肥肝80%左右被法国人所食用。而西欧、北美、非洲和亚洲部分国家仅消费生产总量的15%左右。我国已具备肥肝生产和出口的能力，但生产规模不大，质量欠佳，国际市场竞争力不强，应该大力发展我国鹅肥肝生产。

一、鹅肥肝的生产技术

1. 饲料加工调制

实践证明，玉米、稻谷、大麦等均可作为填饲饲料，但以整玉米最好。宜选用一年以上无霉变、去杂质的陈黄玉米。黄玉米能使肥肝呈黄色，有利于提高质量等级。玉米需要进行加工处理。主要采用3种方法：一是水煮法。将选择好的玉米除去杂质，淘洗干净后倒入锅内，水面浸过玉米10厘米，煮沸3～5分钟，使玉米粒达到八成熟时捞出沥干。趁热加入1%～2%的动(植)物油和0.3%～1%的食盐以及添加剂，拌匀后填饲。二是干炒法。将玉米粒倒入铁锅中，用文火不断翻炒至八成熟，待玉米呈深黄色即可，忌炒熟、炒煳。另一种炒法是将玉米倒入能滚动的(电机带动)的锅里加热炒，比人工翻炒的均匀度更好，由于火旺，炒得更快，但设备投资较高。玉米炒完后装袋备用，填饲前用温水浸泡1～1.5小时，至玉米粒表皮泡软为度。沥干后加入0.5%～1%的食盐，拌匀后填饲。三是浸泡法。将玉米粒置于冷水浸泡8～12小时，随后沥干水分，加入0.5%～1%的食盐和1%～2%的动(植)物油脂。

2. 填饲机安装调试

填饲分为人工填饲和机械填饲两种。小规模生产采用人工填饲，而批量生产鹅肥肝可利用机械填饲，提高劳动生产率。

根据我国鹅品种颈细长特点，国内已研制出多种型号的鹅填饲机，如无锡市农科所等研制的9DJ-85-A型填饲机和原北京农业大学试制的9TFL-100型立式和9TFW-100型卧式填饲机等，这

些填饲机可分为螺旋推进式和压力泵式两大类。在安装调试使用填饲机时,应注意:

①填饲管外表及管口直接与鹅的食道接触,必须十分光滑,以免损伤食道。

②填饲管和管内弹簧推进器螺旋应长短配套,螺旋推进器要求凹入填饲管 1 厘米,太短容易堵料,太长容易损伤鹅的食道。

③填饲装的高度和角度应与保定器配合协调,使填饲管能顺利插入食道膨大部。

④填饲机放置平稳,不允许翘离地面。

经检查合格后,接通电源进行调试。确认正常运行后,才能开机填饲。填饲机每次使用完毕,应将料斗中的玉米粒排空,切断电源,保持填饲机清洁卫生。

3. 填饲技术

(1)预饲期:让鹅由放牧饲养逐步过渡过舍饲,由自由采食过渡到强制填饲,由定额饲养转为超额饲养,锻炼鹅的消化器官,加强肝细胞的贮存脂肪功能,并在这个时期缩小同批鹅个体间的差异,适应新的饲养管理。如果是全价颗粒料饲喂、营养比较平衡并经放牧锻炼的鹅,一般不再安排预饲期。

①预饲鹅的选择:填饲用的鹅要求体质健壮、生活力强,无伤残,最好是杂交鹅。预饲鹅按来源与性别分圈饲养。

②预饲期日粮:预饲期长度通常为 2～3 周。根据当地饲料资源配制预饲期日粮,日粮中玉米占 60%,另加豆饼、花生饼等粗蛋白 20%的混合料,粒状由少逐步增多。青绿饲料不限量。另外,还可以加骨粉 3%左右,食盐 0.5%、沙砾 1%～2%,三者可直接混于精料中喂给;为了帮助消化,可加入适当的维生素 B 或酵母片,也可添加多种维生素,每 100 千克饲料加 10 克。

③预饲期饲养管理:逐步减少放牧放水时间和次数,直至停止放牧放水。每日饲喂 3 次,每天补饲精料 200 克。饲养密度 2 只/

米^{2}为宜。进行防疫、驱虫工作。当小型品种鹅每天精料摄食量达到200克左右、体重4千克,大型品种鹅采食量达到250克、体重增加到5千克时,即可转入填饲期。

(2)填饲期:机械填饲时,填料人坐在滑车上,用两腿控制滑车的进退。左手抓住鹅头,食指和大拇指挤压鹅喙的基部,将鹅口掰开,右手拇指将鹅舌向前向下压颚,然后将口腔移向喂料管,使上颚紧贴填饲管的管壁,慢慢将填料管插入食道膨大部,食道和填饲管要保持在一条线上,此时鹅颈要伸直,用左手握住喙,右手握住填料管的膨大部;踏动开关,将玉米推进食道下部,先将下部填满,再逐渐将管往上退,直到将玉米填到距喉4～5厘米时停填。填完后,左手抓住鹅头,右手顺食道方向向下轻捋2～3次,以防鹅甩粒或将玉米粒吸入气管。

4. 填饲期、填饲次数和填饲量

①填饲期和填饲次数:填饲期长短取决于鹅的成熟程度。因脂肪大量沉积和脂肪肝的形成,造成鹅体态肥胖、腹部下垂、两眼无神、精神委靡、羽毛潮湿而零乱、行动迟缓、出现消化不良症状时,应屠宰取肝。填饲期越长,伤残鹅增多,经济效益降低。填饲期与日填饲次数有关,一般鹅每天填4次。

②填饲量:日填饲量和每次填饲量应根据鹅消化能力而定。填料时用手触摸鹅食道膨大部,如上次填料已排空,则可增加填饲量;如仍有贮积,说明上次填饲过量,用手指把食道中的积贮玉米捏松,以利消化;如果积食严重,可停饲1次。狮头鹅等大型鹅种日填饲1～1.5千克。达到最大日填饲量的时间越早,填饲肥肝的效果越好。

5. 填饲期饲养管理

①保持鹅舍干燥。填饲鹅粪便增多,舍内易潮湿,要常更换垫料,保持舍内干燥。圈舍地面要平整,防止引起肝脏机械损伤。

②供给充足饮水。增设饮水设备,供给充足饮水。但填饲后

半小时内不能让鹅饮水，减少鹅甩料。

③保持鹅安静。填饲鹅受外界噪声、异物惊扰，会影响饲料消化和肥肝形成。因此不能粗暴驱赶鹅群、高声喧哗。

④饲养密度要合理。鹅舍围成小栏，每栏不超过 10 只。饲养密度每平方米 2～3 只。

⑤限制鹅活动。为了让填饲鹅得到充分休息，减少能量消耗，停止下水游泳、运动，严格关养，加快脂肪沉积。

二、肥鹅肝的屠宰取肝

肥肝鹅一般停食 6 小时即宰杀。肥肝鹅宰前不能强烈驱赶，捉鹅要十分小心，以免肝脏破裂变为次品或出血致死。

1. 屠宰

通常采用颈部宰杀法，放血要充分，一般 5～10 分钟为宜。浸烫水温要把握得当，水温 63～65℃，浸烫时间宜在 3 分钟左右。肥肝鹅宜采用手工拔毛法来脱羽，以防止脱羽机损伤肥肝。烫水要清洁，在屠宰过程中，不可挤压鹅的胸腹部。

2. 预冷

屠体洗净后，胸腹部向上，平放在精制的金属车架上，沥干水分后，将车架连同屠体一起推入温度 0～4℃的预冷间，停放 18～24 小时，使屠体冷凝，即可出预冷库。

3. 开膛取肝

从龙骨末端开始，沿着腹部中线向下切割，切至泄殖腔前缘，把皮肤和皮下脂肪切开（不得损伤肥肝和肠管），使腹腔的内脏暴露，并使内脏与腹腔脱离，只有上端和胸腔连着，然后头朝上把鹅挂起，使肥肝垂落到腹部，这时取肝剥离，随之剥离胆囊。取肝时万一胆囊破裂，应立即把肥肝的胆汁冲洗干净。

4. 整修、检验、称量

肝取下后，放在操作台上，去除肥肝上的结缔组织、脂肪，并把胆囊部位的绿色渗出物修除，随后整形、检验、称重，把合格和不合格的、不同等级的分别包装。出口日本、新加坡的肥肝主要以冰鲜肥肝形式，即肥肝经修整加工后，在 0～4℃的条件下，用聚丙炳烯袋或复合膜袋进行抽真空包装，称量后的肥肝，应立即进入预冷间（0℃左右），8～12 小时（以肥肝略有硬度、压痕能在较短时间内复原为标准）。包装后每 6 个肥肝为一层装入泡沫塑料盒中，分 3 层，每层间用硬纸板支撑，每层放一只大容量防渗水冰袋，延长冷藏效果，然后将盖盖好，打包发运。冻肥肝称量后立即转入结冻间进行速冻，并标明生产日期，分级包装，然后送冷库存放。

三、鹅肥肝的等级评定

刚取出的鹅肥肝，即使是同一品种、同一批填饲的，其质量也不尽相同，需要对其进行评定和分级，以便按质论价。

鹅肥肝的质量要从几个方面去综合评定。首先，从肥肝重量方面看，肥肝必须肥大，重量在相当程度上反映了肝肥的水平，肥肝越重，质量越好，利用价值越大。其次，从肥肝感官指标方面看，要肝体完整，气味正常，弹性良好，色泽均匀，无斑痕，有较好的商品外形和食用价值。再次，从理化指标上看，要脂肪含量较多，水分含量较少，油脂渗出较少，有较高的营养价值和风味，不同的国家对鹅肥肝的分级标准有所不同。国外鹅肥肝的分级标准如表 9-5 所列。

表 9-5　国外鹅肥肝的分级标准

项目	特级	一级	二级	三级	级外（瘦肝）
重量（克）	600 以上	350～600	250～350	150～250	150 以下
色泽	浅黄或粉红	浅黄或粉红	可较深	较深	暗红
斑痕	无	无	允许少量		
形状与结构	良好，无损伤	良好	一般		

我国鲜肥肝的国家标准，已于 1988 年 9 月 20 日由国家技术监督局发布，并于 1989 年 3 月 1 日实施。

1. 重量分级

特级：400～1 150 克；一级：400～1 150 克或 1 150 克以上；二级：300～399 克；三级：200～299 克。

2. 感官指标分级

感官指标分级见表 9-6。

表 9-6　感官指标分级

等级	色泽	弹性	气味	特征
特级	淡黄、米黄或浅粉，肝表有光泽，色度均匀	指压后凹陷很快恢复	具有鲜肝正常气味	肝体完整，无血斑、血肝、胆汁绿斑
一级	淡黄、米黄或浅粉			允许肝体切除一小部分，血斑直径 20 毫米不超过两块，无血肿、无胆汁绿斑
二级	淡黄、米黄、黄色或浅粉	指压凹陷后较快恢复	无异味	允许肝体切除一小部分，允许有血斑，无血肝，无胆汁绿斑
三级	淡黄、米黄、黄色、浅粉或浅红	指压后凹陷恢复较慢		允许肝体切除一部分，允许有血斑、血肝，无胆汁绿斑

3. 理化指标分级

样品理化指标的均值，应符合表 9-7 所列要求。

表 9-7　理化指标分级　　%

项目	特级	一级	二级	三级
粗蛋白质	6～10			
粗脂肪	＞45		41～45	35～40
水分	＜40		40～45	46～50
油脂渗出率	＜20	20～25	不要求	

4. 综合评定等级

重量达到而感官指标或理化指标达不到者，按感官指标或理化指标达到的最低级别评定，综合评定见表 9-8 所列。

表 9-8　综合评定

等级	重量(克)	感官指标	理化指标
特级	400～1 150	符合特级要求	符合特级要求
一级	400～1 150 或 1 150 以上	符合一级要求	符合一级要求
二级	300～399	符合二级要求	符合二级要求
三级	200～299、300～399	符合三级要求	符合三级要求

我国肥肝评定方法有统一的规定，规定要求取样有代表性，每批肥肝重量超过 200 千克者，随机抽取 5%作样品；不足 200 千克者，随机抽取 10%作样品。取样人应戴乳胶手套，所用器材须消毒。取出的肥肝样品先称重，并做感官指标检查，然后再切取肝样作理化指标检验。肝样要在肥肝大叶上部切取 10 克左右，分成 3 小块分别进行水分含量、油脂渗出率、粗蛋白质、粗脂肪含量的测定。

粗蛋白质测定，由同一分析同时或相继进行两次测定，其相对偏差允许值为 3%；粗脂肪两次测定的相对偏差允许值为 1%。

四、肥肝的包装与运输

法国农村中生产新鲜特级鹅肥肝，常常直接拿到市场或高级饭店出售，每千克销售价高达 500 法郎。匈牙利出口的肥肝是直接装入塑料盘中，每只塑料盘下面铺上一层碎水，冰上再铺上一张白纸，纸上放肥肝，每盘横放 4～6 只肥肝，竖放 3 排，随后把塑料盘连肥肝一起放入宽纸 90 厘米、深约 60 厘米、长约 160 厘米的冷藏箱中。箱内可重叠放 7 层，关上箱门后温度可保持在 2～4℃，然后用汽车或火车运输。在这样的温度下，经过72小时肥肝也不会变质。如果距离很远，则要空运。空运时将鹅肥肝放在特制的泡沫塑料包装盒中。盒分上下两片，在下片放一层碎冰，再铺上一张白纸，上放肥肝，再覆盖一张白纸，在下层放一层碎冰，将上盖盖好，在上下片连接处用透明胶带黏合。

我国鲜肥肝是用不同规格的复合塑料袋包装。复合塑料薄膜要求为3层以上聚酯、聚丙烯或改性聚丙烯。包装箱内箱用聚乙烯泡沫塑料箱，厚度不小于40毫米，盖与箱体应能严密卡合；外箱为瓦楞纸板箱。工作人员必须戴乳胶手套装肝。装肝时要防止肥肝与袋口接触，袋口理平后放入真空包装机内进行真空包装。其真空度要求在90 659～101 324.7帕(680～760毫米汞柱)。真空包装时，同时注入氮、二氧化碳等惰性气体，以提高保鲜质量。装箱时，先将内箱底层撒一层最大直径小于或等于20毫米的碎冰，厚度30～40毫米，然后将肥肝一层层平码在箱内，表面层上再撒一层要求同前的碎冰。鲜肥肝如要贮藏，须放在4℃左右的冷藏柜或冷藏库中。鲜肥肝应放于冷藏车中运输。鲜肥肝保存与运输时间，最长不超过5天，包装箱上应有标志，说明品名、等级、毛重、净重、生产日期和生产厂家。

五、影响肥肝生产的因素

禽类肝脏合成脂肪的能力大大超过哺乳动物。禽类脂肪组织合成的脂肪数量仅占5%～10%，而肝脏中合成的脂肪占90%～95%，这是水禽肝脏迅速肥大的主要原因。衡量鹅肥肝性能，除了看平均肝重外，还要看肝的质量、饲料消耗、填饲期死亡淘汰率等因素。影响鹅肥肝有5个因素。

1. 鹅的品种

品种是影响肥肝生产的首要因素，不同品种肥肝性能差异很大。一般来说，肉用性能越好、体型越大的品种，肥肝重越大，小型鹅种肥肝性能较差。国外鹅种平均肝重：如图卢兹鹅 1 200 克、朗德鹅 750 克、玛瑟布鹅 684 克、莱茵鹅 276 克等。肥肝质量与种质也有关系，图卢兹鹅肥肝质量较差，质地偏软，一经煮熟脂肪就流出来，肥肝缩小，质量较差，而朗德鹅肥肝较卢兹鹅的小，但质量较好。莱茵鹅肥肝中等大小质量较好。我国的鹅种资源丰富，肥肝中等居多，质量较好，除太湖鹅、豁眼鹅小型品种外，大多具有良好肥肝性能，以狮头鹅、溆浦鹅最为突出，平均肝重分别达到 900 克和 572.9 克。肝重的遗传力高，一般为 0.47～0.63，因此选择肥肝性能好的品种进行品种间杂交，选择优良杂交组合，利用杂种生产肥肝是提高肥肝性能的有效途径。

2. 年龄和体重

年龄对鹅生产肥肝有较大影响，年龄过小，填饲效果不好，伤残率高，年龄过大，成本增加，影响经济效益。一般情况下，用于生产肥肝的鹅应在体成熟后进行，这时鹅吸收的养分，除维持需要外，大多转化成脂肪组织，有利于肥肝增大。同时，体重也有很大关系，体重较小的鹅，生长发育年龄较短，机体生产生长发育要消耗的养分较多，养分转化为脂肪在肝脏中沉积较少，且其消化道容积较小，能填的饲料量较少，生产的肥肝小。就我国鹅品种或杂交鹅种来看，大中型品种宜在 4 月龄体重达 4.5～5 千克，小型品种或杂交品种宜在 3 月龄体重达 3～4 千克时开始填饲为宜。试验表明，肥肝重与开填体重、屠宰体重呈中强正相关。一般来说，填饲期体重增长效在 80%以上，就可获得满意的优质肥肝。另外，还与性别有关，多数试验报道，公鹅的肥肝性能优于母鹅，有条件的地方可多选公鹅用于肥肝生产。从实践看，母鹅比公鹅易肥育，这与雌性激素的分泌有关，但母鹅娇嫩，其耐填性和抗病力较公鹅差。

3. 饲料

生产肥肝需要强制填饲单一的高能饲料。玉米不仅含有大量的碳水化合物，而且胆碱含量较低，是肥肝生产的首选能量饲料。如果是陈玉米效果会更好，因为其含水量低，胆碱含量低，含磷量也低，每千克玉米含胆碱 441 毫克，燕麦为 958 毫克，大麦为 991 毫克，小麦为 1 205 毫克，胆碱有利于脂肪转移，保护肝脏不让脂肪大量积贮，不利于肥肝形成。玉米的类型、色泽、含水量、纯度等对填饲效果均有影响。一般生产 1 千克肥肝需用玉米 40 千克。

另外，饲料调制方法也有关系。实践证明，用粒状玉米比粉状玉米填饲效果好，粒状致密，填饲实际量比较多。

4. 填饲技术

肥肝生产的关键是填饲。填饲技术的高低，对肥肝生产效果影响较大。在品种、年龄、性别、日粮相同条件下，不同填饲员之间的差别较大。匈牙利填饲实验表明，填饲人员的素质在获得成功方面占 25%的作用。具体操作技术详见上一部分。

5. 环境条件

相同品种在不同季节、不同气温环境条件填肥，肥肝产生效果不同。填肥鹅对低温适应性强，最适温度 10～15℃，在 20～25℃的环境中可以填饲，最高不超过 25℃。因填饲鹅皮下脂肪多，不利于热量散发，高温时填鹅效果不佳，甚至死亡。我国大部分水禽产区，除盛夏和严冬外，其余时间均可生产肥肝。

第四节 鹅肉的冷藏加工

鹅肉及其制品，与其他食品一样，在自然状态下会逐步发生变化，腐败变质，丧失其食用价值或加工价值。为了尽量保持其原有的价值，就必须采取一定的措施予以贮藏。尽管贮藏的方法有多种，但是现代最普遍、效果最良好的是冷藏加工，即用制冷装置产生的低温，按一定的工艺，对肉及肉制品进行冷藏加工。

在肉品生产中，刚屠宰不久的肉，叫鲜肉。如果鹅肉原有的体温还没有完全散失，则叫热鲜肉。在自然放置条件下，随着时间推移，会发生一系列不可逆的变化，依次为尸僵、成熟、自溶、腐败。腐败主要是微生物作用，其次是自身酶及氧化反应等作用。对此，要消除或尽量减少肉中微生物、酶和氧等作用，改变肉所处环境条件，能延长鹅肉的保存时间，其中冷藏是批量保存的一种经济的方法。

一、冷藏的原理与作用

蛋白质适于细菌繁殖的最低湿度为25%～30%，适于霉菌繁殖的最低湿度为15%。降低湿度既能抑制微生物的繁殖，又能抑制酶的活动。通过降低湿度来保藏肉的方法，叫干燥法。一定浓度的食盐能引起大多数微生物细胞脱水、变形，破坏其水代谢，抑制它们的繁殖，起到防腐作用，同时氯离子又有阻碍蛋白质分解酶的作用，这就是盐渍法保藏肉类的原因。干燥法与盐渍法的缺点是使肉组织的物理、化学结构发生显著变化，以后很难恢复到原来的新鲜状态。射线照射法虽能杀死表面和内部的微生物，达到保鲜的目的，但是需要较高的设备投资和技术，难于普遍应用。

在微生物、酶和氧活动需要的环境条件中，温度是主要的因子。生命活动、生化反应与氧化反应都需要一定的温度。当温度降到一定程度时，上述活动与反应就会受到严重抑制或停止。例如，当温度降到－1℃时，即肉组织的液体冰点时，嗜热性细菌减少到原来的2%～5%；降到－5℃时，嗜冷细菌会丧失繁殖能力；降到－10℃时，嗜冷酵母会停止发展；降低到－18℃时，肉就不会因微生物的发展而造成腐败变质。这就是冷藏法的原理。

在低温条件下，微生物的繁殖受到阻止，酶的作用受到抑制，化学变化进行极慢，肉在结构、成分和性质上的变化最小，原有的色、香、味和营养价值能在较长时间内保持。在低温下形成的冻结状态，一旦升温就能恢复到接近原来的新鲜状态。冷藏法是现代保藏肉和肉制品最好的方法，是保证市场供应、保证食品质量的有效措施。需要注意的是，低温并不引起微生物的死亡而实现灭菌，多次冷冻和解冻对微生物分泌的毒素也没有解毒作用。

二、冷藏的加工工艺

肉冷藏加工的工艺过程，就是肉与周围介质进行热效换的过程。这个过程，既包括肉在制冷条件下温度逐步下降的过程，也包括采取一定措施温度逐步回升的过程。

1. 冷却

肉的冷却，又叫预冷，是在一定时间内，随着温度的降低，将胴体内的热排除，使胴体最厚部位的深层温度接近于肉的冰点温度，一般是 1～4℃。

冷却的目的是延缓微生物对肉的渗入和在其表面的发展。预冷一般在冷却间进行。屠宰后的光鹅吊在挂钩上冷却。冷却通常采用冷风机降温，使室内温度控制在 0～4℃，相对湿度为 75%～84%。当胴体内部温度降至 8℃以下时，预冷阶段即结束。在冷却之前，为使胴体外形美观，常要人工进行整形。经过冷却的肉叫冷却肉，上市，或转入再加工。冷却后重量损失为 0.5%～1.2%。

2. 冻结

鹅肉冻结是指将鹅肉的中心温度降低到－15℃以下，使肉中所含的水分在制冷条件下全部或部分冻结成冰的过程。这有利于较长时间保存鹅肉。其方法是将白条鹅或经过冷却（预冷）的胴体或分割鹅肉装入金属盘，放入结冻间的结冻架上，以空气为介质，采用强烈吹风结冻装置使鹅肉结冻。冻结间的温度一般是－25～－23℃，空气相对湿度 90%左右，风速 2 米、秒，经过 18 小时左右，即可使鹅肉中心温度达到－15℃以下，冻结即完成。

冻结的目的是使用肉中各部分微生物、酶的活力迅速大幅度降低，进一步延长贮存保鲜的时间。

冻结的速度对肉的质量有实质性影响。慢冻在肌肉组织内形成的结晶中心数量少、速冻形成的结晶中心数量多，体积小，比慢冻更易恢复的原来性质。

3. 冻藏

冻藏即把冻结好的鹅肉转入冷藏库内冷藏。冷藏库内温度恒定在－18℃（昼夜波动不超过1℃），相对湿度为95％～100％。肉的堆叠方式应按品种、等级、内销、外销等情况分批、分垛堆放，库内应保持卫生，尽量减少工作人员进入和电灯的开启，以减少外来的热源，同时也减少微生物污染。一般白条鹅可冻藏保存8～12个月。

第五节　鹅的烹调加工

一、南京盐水鹅

1. 原料

选用当年健康鹅，宰杀去毛后，切去脚爪和翅膀的小翅，在右翅下开膛，取出内脏，用清水冲净体内外，再放入冷水中浸泡1小时左右，挂起晾干待用。也可用符合要求、体表完全的冻鹅，用前解冻。每只2千克重的光鹅，要准备炒过的食盐和八角约100克，其中八角约占食盐的0.5％；再准备生姜2～3片，八角2粒，葱1～2根。

2. 制法

（1）腌制。先将炒过的一部分盐与八角从右翅下开口处装入体腔内，然后将鹅放在工作台上反复翻动，使盐均匀布满腔体，再用剩余盐在鹅体外涂擦，其中两条大腿、胸部两旁肌肉、颈部刀口、肛门和口腔都要用盐擦透，然后堆码腌制2～4小时，冬春季可长些，夏秋季可短些。

(2)放卤。鹅体盐腌后,肌肉紧缩,内部渗出的血水存留体腔内,为了使血水排出,可用右手抓翅提起鹅,从肛门放出体内的血卤。

(3)复卤。放卤后还要复卤 2～3 小时,就是用老卤再腌制一次。老卤是以前加生姜、葱、八角熬煮,加入饱和盐水,经多次腌制的卤。老卤使鲜味浓郁。复卤后出缸,整理外形,用钩子挂起,再用开水浇烫体表,使肌肉和外皮绷紧,外形饱满,在风口处沥干。

(4)烘干。一般的盐水鹅加工,常将这道工序省去,加工质量较高的盐水鹅则必须有。先用中指粗细、长 10 厘米的芦苇管或小竹管插入肛门,再从开口处填入备用的生姜、八角和葱。随后将鹅体吊入烤炉内,以热量均匀适中的温度烘烤 20～25 分钟,至周身干燥起壳即可。这样,煮熟后的皮脆而不韧。

(5)煮制。锅中放水加葱、姜、八角,煮沸,停火,将鹅放入锅内,开水由翅下开口和肛门管子处很快进入体内,水温下降。这时要提起鹅腿,倒出腔内的汤水后再放入锅中,并在锅中加入占总量分量 1/6 的冷水,使体内外水温一致。再盖上锅盖略小的盖子,压住鹅使其浸在液面下,焖煮 20 分钟左右,加热到锅中出现连珠气泡、似开未开时,即停止烧火,锅中水温约 85℃,这段操作叫抽丝。第 1 次抽丝后,再将鹅提起来,倒出腔内汤水后入锅中,盖上盖,再焖煮 20 分钟左右,到似开未开时再停,完成第 2 次抽丝。这时再次提鹅、倒汤、入锅,停火焖煮 5～10 分钟,即可起锅。在焖煮过程中,一定要控制水不能开,始终维持在 85℃左右,否则肉质变老。起锅后,先冷却,再切块加煮鹅的卤汁上桌。如热时切块,肉汁易流失,切块不成形。

制法总的要求是:熟盐腌,老卤复,烘得干,焐得透。

3. 特点

盐水鹅是江苏省南京特产之一,常作为冷盆上席,色泽淡雅,鲜嫩爽口,肥而不腻,清而有味。其加工制作不受季节限制,一年四季均可制作，腌制期短，可现做现卖。

二、固始五香腊鹅

1. 原料

鹅宰杀、烫毛后拔出大毛，放入冷水浸洗拔净小毛。第 1 次浸洗 10 分钟，第 2 次约 20 分钟，第 3 次约 60 分钟，洗去皮上残留的血水及污物，除净小毛，降低鹅体内外温度。然后去翅、胫，在右翅下开一长约 7 厘米的小口，取出脏器。按屠体重的 1/16 用盐，盐中放入少量茴香，炒熟备用。

配制老卤按 100 千克水加盐 50～75 千克，放锅中煮沸，使其成为饱和溶液，再放入花椒 200 克、八角 300 克，鲜姜 500 克、桂皮 400 克，小茴香 250 克，辣椒 100 克，煎熬即成。

2. 制法

水泡、整形。将鹅胴体放入冷水中浸泡 4～5 小时，泡出体内血液，沥干水分，压扁鹅体。

(1)腌制。先以 3/4 的熟盐放入鹅体腔内，反复转动使盐在内布满，再把余盐在大腿外部、刀口处涂擦，口腔内也应放点盐，擦盐后将屠体逐一叠入缸内，经 12 小时，取出倒掉体腔内的盐水，再放入缸内腌 8 小时，这叫寇卤。以后，逐只取出，由右翅刀口处灌入老卤，再叠入缸内，最上面用盖子压好，使鹅体全淹在老卤中，这叫复卤。

(2)晾挂。经过 24～36 小时复卤后即可全部腌透出缸。同缸后，沥尽卤水，放在通风良好处晾挂或用远红外烘干便可，一般风干率为 70%左右。成品色泽浅黄，香腊味浓，加防潮包装后入库。

(3)煮制。五香腊鹅在食用前，先要在清水中浸泡 3 小时以上，洗净灰尘杂污，减少肉中盐分，一般要浸泡到鹅身达柔软状态为宜。再用长约 10 厘米的芦苇管或小竹管，插入肛门，一半在内，一半在外。在清水中或鹅体内加入葱 1 根、姜 3 片、八角 1 粒，煮沸后停火，将已插管的腊鹅放入锅中，与盐水鹅一样，待两次抽丝后停火再焖 5～10 分钟即熟，冷却后切块上桌。

3. 特点

五香腊鹅是湖南省固始县在民间腌鹅工艺基础上改进后的产品，特点是香腊味浓，油香四溢，咸中带辣，这种腊鹅一般多在冬季加工、贮藏，食用时取出煮制。云南省大理回族人民待客佳肴永安腊鹅，是用 5 千克以上的大鹅腌成，加工方法大体相同，鲜香异常。

三、烧鹅（挂炉鹅）

1. 原料

选择经过肥育的鹅宰杀、放血、去毛，在鹅体的尾部开直口，取出内脏，切除脚爪、小翅，清洗干净，最后重量在 2.25～3 千克之间。

配料按每 50 千克鹅计算，五香粉盐的配制数量为：精盐 2 千克，五香粉 200 克，混合拌匀。也可用酱料，即用豉酱、蒜头、油、盐、糖搅拌成调味酱 100 克、生抽 200 克，混合调匀。

另备麦芽糖溶液，每 100 克麦芽糖捅 0.5 千克凉开水，再备些花生油。

2. 制法

每只鹅胚腹内，放入五香粉盐 1～2 汤匙或者放进酱料 2 汤匙，转动鹅胚使其在体腔内均匀分布，用竹针将刀口缝合，以 70℃ 热水烫洗鹅胚，再把葡萄糖溶液涂抹在鹅体外表，晾干。把晾干的鹅胚送进烤炉，先以鹅背向火口，用微火烤 20 分钟，将鹅身烤干，然后把炉温升至 200℃，转动鹅体，使胸部向火口烤 25 分钟左右，即可出炉。在烧烤中要适当转动鹅体，至鹅体金红，在体表涂抹一层花生油即成。

有些地方的烧鹅，还在上皮料麦芽糖液中加白醋、橙黄粉少许。

3. 特点

烧鹅出炉后稍冷时食用最佳。成品的刀工比较讲究，在宴会上可切后拼成全鹅形状装盘，零售时要件要大小均匀，包装整齐，买回后装备仍能呈圆形。烧鹅各地均有制作，以广东的为好，色泽鲜红，皮脆肉香，脂肪滑嫩，味美适口。

四、南京烤鹅

1. 原料

选用当年生长经肥充的健康鹅，体重在2.5千克以上，从胴体上切去脚爪、小翅，在右翅下开膛去内脏，用清水洗净，再放入冷水里浸泡1小时左右，晾挂沥干水分备用。

饴糖和水按1∶5配比作挂色料。另备八角2粒、姜2～3片，葱结1个。

2. 制作

(1)淋烫。用100℃沸水浇淋晾干的鹅体表，使肌肉和外皮绷紧。

(2)挂色。烫皮后，用饴糖水涂抹鹅体表全身，先挂上颜色，放通风处晾干皮肤。

(3)填料。用竹管(闭塞)插入鹅肛门，再由切口处向腹内投放另备的调料。

(4)灌汤。由切口处向体腔内灌入100℃开水70～100毫升，待进炉后在高温下这些水急剧汽化，形成“外烤里煮”，达到外脆里嫩。

(5)烤制。鹅胚进入炉膛后，先以180～200℃烤30～40分钟，烤熟。再升温至240～250℃爆烤5～10分钟，爆色产香，直到鹅全身呈枣红色即可出炉。

(6)冷却。烤鹅出炉后，先拔出肛门中的竹管，将腹腔内的汤汁收集起来，加少量开水，再入味精、酱油、盐、糖调制熬煮待用。

烤鹅冷却后切块入盘，然后烧上调好的汤汁就可食用。

3. 特点

烧鹅色泽枣红。外脆里嫩，远香近亮，美味可口。

五、酱鹅

1. 原料

选用重量在 2 千克以上的鹅，放血，去毛，腹上开膛取尽全部内脏，保留翅膀，切除脚爪，洗净晾干。

配料按 50 只鹅计算，用酱油 2.5 千克，盐 3.75 千克，白糖 2.5 千克，桂皮 150 克，八角 150 克，陈皮 50 克，丁香 15 克，砂仁 10 克，红曲米 375 克，葱 1.5 千克，姜 150 克，硝 30 克（用水化成 1 千克），黄酒 2.5 千克。另备其他辅料。

2. 制法

（1）腌渍。用盐把鹅全部擦遍，腹腔内也要撒盐少许，放入木桶中腌渍，夏季腌 1～2 小时，冬季腌 2～3 天，取出挂起沥干。

（2）煮制。下锅前，先将老汤浇沸，将上述配料放入，并在每只鹅腹内加入丁香 1～2 只，砂仁少许，葱结 20 克，姜 2 片，黄酒 1～2 汤匙，随即将鹅入沸汤中，用旺火烧煮。汤沸后，用微火煮 40～60 分钟，当鹅的两翅“开小花”时即可起锅，放在盘中冷却 20 分钟。

（3）涂卤。卤汁用 25 千克制酱猪头肉的卤，以微火加热溶化，再加火烧沸，放入红曲米 1.5 千克，白糖 20 千克，黄酒 0.75 千克，姜 200 克，用铁铲在锅内不断搅动，防止锅底结巴，熬到卤汁发稠即可。在冷却后的鹅体上，均匀涂抹这种卤汁。上述卤汁可连续使用，可供 400 只将鹅涂用。将鹅切成块后装在盘中，再浇点卤汁。

3. 特点

酱鹅肉色红亮油润，能刺激食欲，肉质咸中带鲜，鲜中带香，富有回味。

六、卤鹅

1. 原料

肥大光鹅1只，卤味料1份。卤味料中含八角1汤匙，甘草2片，草果1个，丁香1茶匙，芫荽数条，沙姜5粒，陈皮1角，生抽75克，玫瑰露酒75克，冰糖50克，盐2汤匙，清水12杯。

2. 制法

将空腔鹅胴洗净，放入大滚水中汆水片刻，取出，除去鹅肺。用大瓦锅1个，放入卤味料，用中火煮30分钟，再将汆过的鹅放入，用慢火煮50分钟，收火后再浸1小时取出候冷，斩件上碟，芫荽数条洗净后伴放碟边供用。

3. 特点

卤鹅肉质栈润，皮肥不腻，卤味浓稠。

第六节　活拔羽绒及羽绒的加工利用

鹅的羽绒在禽羽绒中，仅次于野生的天鹅绒，品质优良。具有柔软、蓬松、轻便、富有弹性、吸水性小、可洗涤、保温耐磨等特点，可以制成各种轻柔防寒的服装及舒适保暖的被褥，也是轻工、体育、工艺美术不可缺少的原料。

活拔鹅毛绒是一项以生产毛绒为主的新的养鹅生产技术。由于我国长期以来沿袭的一次性宰杀鹅羽绒集聚方法，进行水烫取毛或蒸拔取毛，工艺落后，产量有限，质量较差，远不能满足国内外市场的需求。活拔鹅毛绒是指利用人工技术拔取活体鹅的毛绒，以生产毛绒为主要目的而饲养的鹅称为活拔毛绒鹅，简称绒鹅。活拔羽绒技术是在基本不影响产肉、产蛋性能的前提下，拔取活体羽绒的生产技术,具有以下优点:一是产量高。成年鹅每只每年可拔毛绒5～6次,计0.8～1.0千克,产蛋鹅利用休产期可拔毛绒1～3次。而采用宰杀后一次性取毛,每只只能取绒0.1～0.2千克。二是质量好。活拔鹅毛不经热水浸烫,蓬松度好,毛绒中的“飞丝”少,不混其他杂毛,便于分类存放和加工。三是蓬松度好。由于“活拔”不经热水浸烫,因而绒毛蓬松良好,在制作过程既能简化工序,减少工时,又能节省原料;四是有利于鹅的综合利用和提高效益,促进养鹅业的发展。肉食和生产肥肝的鹅平均饲养期为5～8个月,3月龄的中鹅饲养到屠宰前1个月可以拔取毛绒3～6次。产蛋鹅可以利用休产期拔毛绒1～3次。雄性鹅更是活拔毛绒的理想对象。由于活体拔取毛绒,能多次反复地进行。因此,即使在不增加鹅只饲养的情况下,也可达到增产增收的效果。

一、鹅羽毛的生产规律

鹅与其他鸟类一样,除了喙、跖、蹼之外,整个表面都覆盖有羽毛,是体温的绝缘体、有机体、保护体。为了区别鹅的羽毛与其他羽毛,通常称之为“羽绒”。

鹅的羽毛形成于胚胎发育期,受精卵孵化8天以后,羽毛便开始形成,逐步形成雏羽。出壳后数天雏羽完全成熟,覆盖雏鹅全身。但鹅表皮的毛囊和羽毛的迅速发育期是在3～8周龄期间。由于刚出壳的雏鹅其雏羽要经数次脱换,2周龄后,雏羽逐渐脱换为青年羽,8～12周龄期间,青年羽又逐渐脱换成成年羽。从雏鹅初生到12周龄之间。不仅机体要生长发育,还要频繁更换羽毛,所以应加强营养管理。如果在此期间内,环境条件和营养状况不好,更换羽毛的过程就会延长,并且会影响羽绒质量和机体健康。成年羽在一般情况下,一年更换一次,人们所利用的就是成年羽,也就是人们常说的“羽绒”。

二、影响羽绒产量和质量因素

鹅羽绒的产量和质量与许多因素有关：一是气候。羽绒主要起调节体温的作用，其数量与质量随季节的不同而不同，实质上就是因气候变化而变化。冬季鹅的羽绒数量多、绒层厚，含绒量较高、质量好。如果把冬季羽绒中纯绒含量作为100，那么夏季就减少到60～80了。二是品种。鹅的品种不同，羽绒产品和质量也不同，通常体形大的，产羽绒就多。白羽品种鹅羽绒质量好于灰鹅品种的羽绒。三是饲养管理。营养及环境好的，鹅体质健壮，羽绒质量就好。反之，营养差的，羽绒的光洁度差、数量少、质量差。尤其是缺乏维生素A时，羽毛粗乱，易被浸湿。环境差，草屑、灰沙、粪便会污染羽绒，时间长了羽毛顶端变成深黄色，质量明显下降。四是生产部位。据对12月龄皖西白鹅春季羽毛测试分析，在羽绒总质量中，胸部的占18.07%，腹部的占10.56%，背部的点24.37%，腿部的占4.68%，颈部的占12.82%，翘尾大羽占29.50%。在鹅体全部羽绒中，绒含量占16%左右。

三、活拔羽绒的应用范围

并不是所有的鹅、所有时期都可拔羽绒，也不是鹅任何部位的羽绒都有必要拔。雏鹅、青年鹅由于羽毛尚未长齐，不能活拔羽绒。仔鹅肥育到80～90日龄，已可上市，一般也不活拔羽绒，因为此时产毛量少，含绒率低，绒朵较小，而且会影响鹅的外观品质。但是如仔鹅价格偏低，可以拔1次毛，让鹅继续生长，直至出售。处于产蛋季节的种鹅，不宜拔绒。种鹅饲养中有三种情况：一是后备种鹅。早春孵化的雏鹅，到5—6月份毛已长齐，留到10月份新毛长齐才开始产蛋，这段时间可以拔绒，由于鹅的新羽长成需要45天左右，因此可拔3～4次绒。二是种鹅休产期。南方种鹅在5月陆续停产，要到10月才又产蛋，在这段时期，可活拔羽绒2～3

次。北方种鹅,如能做好防寒补料,也可以拔绒。但最后一次拔绒应在开始产蛋前45天以前。江苏地区养鹅采用“年年清”制度,往往只利用一个产蛋期就淘汰出售,而且产量和质量不高,活拔羽绒效益不明显。三是成年公鹅。只有在放牧条件好、活拔羽绒价格较高时才划算。生产肥肝的鹅,由于饲养期较长,在填饲前可以拔一次绒。

活拔羽绒需要的是绒子和长度在6厘米以下的毛片,主要集中在胸部、腹部、腿部、肩部、背部,故而拔毛也就在这些部位。

此外,体弱多病的鹅和正在换毛的鹅也不宜活拔羽绒。

四、活拔羽绒操作技术

1.拔毛前准备

(1)人员准备。对操作人员进行实用技术培训,讲清科学道理,消除思想顾虑。

(2)鹅体准备。在拔毛前几天进行抽样检查。如果羽毛容易拔下,而且毛根已干枯,皮肤中的血管毛刚显露,说明羽绒生长成熟,将开始换毛,是活拔羽绒的适宜时候。反之,应饲养一段时间再拔绒。拔毛的前一天要停止喂食,只供给饮水。剔除体弱有病、发育不良的鹅。拔毛前10分钟给每只初次进行拔毛的鹅灌10毫升白酒,使毛囊扩张,皮肤松弛,即容易拔毛,又减轻鹅的痛苦。

(3)环境准备。拔毛要选择天气晴朗、温度适中的日子,地点要避风向阳,水泥地面,便于打扫。准备好红药水、70%酒精、0.2%高锰酸钾和药棉,以便在拔破鹅皮肤时使用。

2.拔毛方法

操作者坐在小凳子上,双腿夹住鹅的身体,一只手握住鹅的头颈,另一只手拔毛。以拇指、食指和中指捏住毛绒,用力要均匀,迅猛快速。取毛要少,捏位要低,方向要顺,拔出完整的毛片或毛绒,不致将毛拔断。一把一把有节奏地进行,以防撕破皮肤。特别是对于第一次拔毛的鹅，其毛根较紧，费时较多，选取拔毛数量时，每把只能拔2～3根，如果抓毛太多，很容易拔不下毛或拔破皮肤。拔一只鹅约需10分钟，每人每天可拔50只鹅。

3. 拔毛顺序

不同部位的鹅毛的价值不一样。拔毛的部位应集中在胸部、腹部、体侧和尾根。先从胸部开始拔，由胸到腹，从左向右。再拔体侧、腿侧和尾根的羽绒。在拔每一部位时，先拔片羽，后拔绒羽。主、副翼羽和尾羽可不拔。

4. 拔毛中出现的问题及处理

(1)毛片难拔。对能避开的毛片，可避开不拔，只拔绒朵；当毛片不好避开时，可从毛片根部皮肤处将其剪断，然后再拔。

(2)毛绒根部带肉。如遇少数毛绒根部带肉，拔取时动作可慢一些，每次拔取的根数要少些。如果大部分毛绒带肉质，表明这只鹅营养不良，应暂停拔毛，待育肥后再拔。

(3)脱肛。一般不须任何处理，1～2天即能自然收缩恢复正常。也可用0.2%的高锰酸钾冲洗肛门，以防溃烂。

(4)精神不振。属正常，需加强饲养管理，促使及早恢复。

(5)伤皮和出血。一般用紫药水涂抹即可。如伤口较大，则要缝合，做抗菌处理。鹅体温41～42℃，拔毛后一般不易被细菌感染。

5. 活拔羽绒后的饲养管理

活拔羽绒对鹅来说是一个比较大的外界刺激，鹅的精神状态和生理机能会发生一定的变化，一般为精神委顿，活动减少，愿站不愿卧，行走时摇摇晃晃，胆小怕人，翅膀下垂，食欲减退，有的鹅甚至会体温升高、脱肛等。上述反应一般在第2天可见好转，第3天就基本恢复正常，通常不会引起疾病或造成死亡。为了促进鹅及早恢复正常，必须加强饲养管理。①拔毛后鹅体裸露，3天内不要在强烈阳光下放养，应在干燥清洁，铺以柔软干净垫草的鹅舍内饲养，以防腹部受潮、受凉。7天内不要让鹅下水或淋雨。7天后皮肤毛孔已闭合，可让鹅下水游泳。②加强营养，补充精料。7天内每日喂100～150克混合精料：玉米33%、麦麸30%、稻糠13%、豆粕15%、鱼粉5%、羽毛粉3%。③拔毛后，分母分饲一阶段。

五、鹅羽绒的加工

收购上来的羽绒，由于季节、品种、采毛方法的不同，彼此之间品质的差异很大，不便于进一步利用。只有通过加工整理，拣出翅梗，去掉杂质，成为净货后，才能达到统一的品质规格。加工整理的方法有手工加工和机器加工两种，现在绝大多数厂采用机器加工。在个体的加工点上，仍有采用手工加工的。

手工加工时，先拣毛，即将毛抖动使之松散，把看得清的小石块、砖瓦、沙粒、垃圾、杂草等异物拣出来。再洗涤，用60～70℃的肥皂水或洗衣粉洗涤，除去油脂污垢，再用清水冲洗干净。洗涤时，不要过分搓拧，以防损伤羽绒。接着晒干，将洗净的毛及时摊晾，经日晒或烘干。然后消毒，将晒干的羽绒入布袋内扎口，用蒸锅蒸煮30分钟后，再晒干，装入布袋内即可。

机器加工有成套的机械设备，有的还有自动或半自动的功能，设备有各种系列、型号和规格。主要机械有：预分机、除灰机、分毛机、洗毛机、脱水机、烘毛机、拼堆机、刷袋机，还配有加毛器、真空箱、收尘器、空气管道、电控箱等。工艺流程如下：

（1）预分。用机器将混杂在羽绒中的石、沙、土等杂物去掉。

（2）除灰。用机器将预分过的毛除灰，主要是除细小的杂质。

（3）分毛。用机器将去杂除灰后的羽绒进行精分，使绒子、大中小毛片、大小翅梗毛分开。

（4）洗毛。在机器内用羽绒清洗剂对羽绒进行清洗，除去油脂和灰尘，并排除异味。

(5)脱水。用机器将洗过毛中的大部分水甩掉。

(6)烘毛。用机器将脱过水的毛烘干,并起除味、消毒作用。

(7)冷却。用机器将烘过的毛冷却,并再次除灰。

(8)并堆。用机器将加工好的羽绒,按照所需绒子和毛片的比例,进行拼配和混合,以适用各种羽绒制品所要求的填充料。

(9)刷袋。用机器将装羽绒的空袋子粘有的绒子和毛片回收、利用。

(10)检验。在加工整理过程中和完成后对产品进行品质检验。

根据加工整理的习惯,结合国际市场需要,有关部门对出口羽毛的规格作了具体规定。一般鹅羽绒的出口规格标准见表9-9,水洗鹅羽绒的加工出口规格质量标准与一般鹅羽绒不同,见表9-10。

水洗鹅羽绒在加工时要注意以下事项:

凡要水洗的羽绒,洗前所含杂质不得超过4%,否则不易洗干净,并增加损耗。

洗毛用水须清洁,宜中性、软水。

洗水最好先用清水将羽绒初洗5分钟,将污水排出后再加清水、洗涤剂及去臭剂洗。有条件的最好用40～50℃温水加洗涤剂。

要适当控制洗毛数量及洗毛机转速。每机洗的数量,含绒30%及以上的,每立方米不超过12千克;含绒15%及以下的,每立方米不超过15千克。洗毛机搅拌轴每分钟转速在60以内。每机在洗涤全过程中的搅拌摩擦次数不超过2 000次,但以洗净为原则。

洗涤剂用量以1%～2%为好,洗低绒毛的用量可掌握在1%以下(与干绒毛比)。

表 9-9　一般鹅羽绒出口规格标准

品种	毛、绒(%)					杂质、薄片、鸡毛(%)					
	其中		总和			其中			总和		
	绒子	毛片	平均	最高量	最低量	杂质最高量	薄片最高量	鸡毛最高量	平均	最高量	最低量
中国白鹅毛	18±1	70	88	90	87	9	5	1.5	12	13	10
中国灰鹅毛	16±1	70	86	88	85	9	5	2	14	15	12
中国低绒白鹅毛	7±0.5	80	87	89	86	7	6	3	13	14	11
中国低绒灰鹅毛	7±0.5	80	87	89	86	7	6	4	13	14	11
中国白鹅绒	30±1.5	60	90	92	89	10	2	1.5	10	11	8
中国白鹅绒	50±2	40	90	92	89	10	1	0.5	10	11	8
中国白鹅绒	70±2	20	90	92	89	10	0.5	0.5	10	11	8
中国白鹅绒	80±2	10	90	92	89	10	0.5	0.5	10	11	8

注：1. 中国白鹅毛中，毛绒总和包括黑头 1 千克。

2. 中国灰鹅毛、中国低绒灰鹅毛中，毛绒总和含灰鸭毛量不得超过 10%。

3. 中国低绒白鹅毛的毛绒总和中包括黑头 1.5 千克。

4. 各档绒子中，均可含有黑头 0.5 千克。

表 9-10　水洗鹅羽绒加工出口规格质量标准

品种	含绒量(%)	土(%)	杂质最高量(%)	薄片最高量(%)	鸡毛最高量(%)	异色毛最高量(%)	损伤毛最高量(%)	蓬松率(%)	自然水分最高量(%)	绒飞丝最高量(%)	耗氧指数	清洁度不低于	残脂率(%)	pH 值	长毛片长度及最高含量(%)
白鹅毛	4～5		1	6	3	2	5	250	13	0.45	10 以下	250	1.2 以下	5～7	
灰鹅毛	4～5		1	6	4		5	250	13	0.45	10 以下	250	1.2 以下	5～7	
白鹅毛	7～8		1	5	3	2	5	280	13	0.75	10 以下	250	1.2 以下	5～7	
灰鹅毛	7～8		1	5	4		5	280	13	0.75	10 以下	250	1.2 以下	5～7	
白鹅毛	15	1	1	5	2	2	5	300	13	1.5	10 以下	250	1.2 以下	5～7	
灰鹅毛	15	1	1	5	2		5	300	13	1.5	10 以下	250	1.2 以下	5～7	
白鹅毛	30	1.5	1	1.5	1	1	3	380	13	3	10 以下	250	1.5 以下	5～7	8 厘米以上的在 6 以下
灰鹅毛	30	1.5	1	1.5	1		3	380	13	3	10 以下	250	1.5 以下	5～7	8 厘米以上的在 6 以下
白鹅毛	50	2	1	0.5	0.5	0.5	2	400	13	5	10 以下	250	1.5 以下	5～7	8 厘米以上的在 2 以下

续表 9-10

品种	含绒量（%）	±（%）	杂质最高量（%）	薄片最高量（%）	鸡毛最高量（%）	异色毛最高量（%）	损伤毛最高量（%）	蓬松率（%）	自然水分最高量（%）	绒飞丝最高量（%）	耗氧指数	清洁度不低于	残脂率（%）	pH 值	长毛片长度及最高含量（%）
灰鹅绒	50	2	1	0.5	0.5		2	400	13	5	10 以下	250	1.5 以下	5～7	8 厘米以上的在 2 以下
白鹅绒	70	2	1	0.3	0.5	0.5	1	480	13	7	10 以下	250	1.5 以下	5～7	8 厘米以上的在 0.5 以下
灰鹅绒	70	2	1	0.3	0.5		1	480	13	7	10 以下	250	1.5 以下	5～7	8 厘米以上的在 0.5 以下
白鹅绒	80	2	1	0.3	0.5	0.5	1	500	13	8	10 以下	250	1.5 以下	5～7	8 厘米以上的在 0.2 以下
灰鹅绒	80	2	1	0.3	0.5		1	500	13	8	10 以下	250	1.5 以下	5～7	8 厘米以上的在 0.2 以下
白鹅绒	90	2	1	0.3	0.5	0.5	1	500	13	9	10 以下	250	1.5 以下	5～7	
灰鹅绒	90	2	1	0.3	0.5		1	500	13	9	10 以下	250	1.5 以下	5～7	

注：1. 尾毛在 7 厘米以下的作毛片，以上的作薄片。

2. 含绒量的±幅度是对外的。内部加工幅差为：含绒 15%±0.5%，30%及其以上的±1%。

脱水后的羽绒须及时烘干，每机烘干数量在含绒30％及以上的高绒，每立方米不超过3千克；15％及以下的低绒，每立方米不超过4千克。

烘干机内温度掌握在110～130℃，其搅拌轴的转速以每分钟不超过80转为好，既干又不焦、不脆。

为保持洗后羽绒柔软、润滑、光泽好，可按干绒毛量的0.3％～0.5％加入整理剂，一般是用5倍温水稀释后，利用喷射装置均匀喷入烘干机内。

冷却机内冷却的时间，一般不少于15分钟，但以基本上冷透为准。机内要经常清扫尘丝。

冷却后的羽绒要用干净的专用布袋或透气尼龙布袋包装，不能强力重压，不宜用螺旋推进器装袋，以免伤毛。未洗的羽绒不能与已洗的混放。

第七节 鹅产品的其他加工利用

一、鹅内脏中的可食部分

可以用来烹调多种美味可口的菜肴，不可食部分可以用来加工药品，也可以作下脚料生产动物性蛋白饲料。

1．鹅胆的加工利用

鹅去氧胆酸是一种天然胆酸，存在于动物的胆汁中，治疗胆固醇型胆石症的重要药物，能使胆结石溶解，而不必用外科手术治疗。不可食用的鹅胆，很适于用来生产这种药品，工艺路线如下：

鹅胆汁 $\xrightarrow[\text{（水解）}]{\text{氢氧化钠}}$ 皂化液 $\xrightarrow[\text{（酸化）}]{\text{盐酸}}$ 总胆汁酸粗品 $\xrightarrow[\text{（脱脂）}]{\text{120号汽油}}$ 总胆汁酸 $\xrightarrow[\text{（成盐）}]{\text{氯化钡}}$ 鹅去氧胆酸钡盐 $\xrightarrow[\text{pH 2～3}]{\text{碳酸钠、盐酸}}$ 粗品 $\xrightarrow[\text{（结晶）}]{\text{醋酸乙酯}}$ $\xrightarrow{\text{真空干燥}}$ 成品。

制造鹅去氧胆酸的工艺过程具体为：

第一，总胆酸制备。取新鲜或冷冻的鹅胆汁，加入1/10量（指溶液的重量容积比）的工业氢氧化钠，加热16小时以上，不断补充蒸发耗去的水量，冷却后以1∶1（指容积比）盐酸调至pH为2～3，取出膏状物，水洗至中性，得总胆汁酸。

第二，鹅去氧胆酸钡盐制备。取总胆汁酸加入2倍量95%乙醇，加热回流2小时，加入5%～10%活性炭脱色，趁热过滤。取滤液浓缩回收乙醇，或向滤液加适量的水使乙醇浓度达65%左右，加等体积120号汽油淬取脱脂2～3次，取下层减压浓缩，回收乙醇，得膏状物。水洗至洗涤液无色，加2倍量95%乙醇及5%氢氧化钠醇溶液，加热回流1～2小时，调至pH 8～8.5，加膏状物2倍量的15%氯化钡水溶液，加热回流2小时，趁热过滤。滤液回收乙醇，放冷析出针状结晶，抽滤，水洗，减压干燥。

第三，粗品制备。将干燥的钡盐研细，悬浮于15倍量的水中，加钡盐12%的碳酸钠，加热回流使其溶解，趁热过滤，冷后再滤1次。滤液用10%盐酸缓缓调到pH为2～3，析出沉淀过滤，水洗至中性，沉淀干燥得粗品。

第四，精品制备。取以上粗品悬浮于10倍量（指溶液的重量与重量比）醋酸乙酯中，搅拌使溶，静置分层，取醋酸乙酯层浓缩至小体积，放置析出结晶，过滤，干燥得成品。

2.鹅油的加工利用

皖西白鹅90日龄的肉用仔鹅，腹部脂肪为250～485克，皮下脂肪厚度1.75～4.63毫米。肥肝鹅的腹部沉积了大量的脂肪，皮下也有较多的脂肪。据测定，小型品种的肥肝鹅，每只的腹内脂肪和皮下脂肪等共可炼制鹅油2千克以上，大型鹅的腹内脂肪就达1千克。鹅油熔点低，有独特的香味，不饱和脂肪含量较多，接近植物油，是黄油以外最好的动物脂肪。这些脂肪在去除血污后原状贮存，或加热精炼后出售，可供食用、加工糕点，也可按占饲料

1.5%～2%的比例拌入玉米中供填鹅用。

二、咸鹅蛋的加工

用鲜蛋应经过严格检验，剔除次劣蛋、反常蛋，符合标准的鲜蛋也要按个头大小分别腌制。加工用盐要选择颗粒大小均匀、纯度高、含水少的海盐。此外用，使用的草木灰、黄泥也要求干燥、无杂质，受潮霉变和杂质多的也不能用。加工作水一般使用生水，如有条件最好用冷开水，以利于保证产品的质量。咸蛋的贮存保管期一般以1个月为最佳，久贮则味差，但仍可食用。

1. 灰包鹅咸蛋的加工

①配料。咸蛋配料各地不一，主要是食盐的差异。通常情况，每加工1 000枚鹅咸蛋需要草木灰30～40克，食盐7～12千克，清水25～35千克。草木灰以纯干稻草灰为好，食盐以再制盐为宜。②打浆。先将食盐溶于水，草木灰逐步加入打浆机内，把灰浆打成不稀不稠，搅拌均匀，其标准是将手放入灰浆内取出后，皮肤呈黑色、发亮，灰浆不流也不成块，放入盆内不起泡。打好的浆需放置至次日方可使用。③粘浆裹灰。把挑选好的蛋放到搅拌好的灰浆内翻转一下，使用其均匀地粘上2毫米厚的灰浆，再在干草木中滚一下，使裹上的灰也达到2毫米厚，裹灰不能太厚或太薄。课灰后再用手把蛋包紧搓匀，使厚度一致，无凸凹现象。④入缸贮存。包好的蛋随即放入缸或塑料袋内，要轻拿轻放，放稳放平，用猪血糨糊或泡花碱糨糊封缸，放入阴凉通风的室内。通常经40～60天(夏季)或60～80天(春、秋季)成熟。成熟的蛋应放在温度25℃以下、相对湿度为85%～90%处贮存，春秋季贮存2～3个月，夏季不宜久存。

2. 黄泥鹅咸蛋的加工

将食盐和黄泥拌匀，加入适量的水，将其搅拌成糊状。然后将挑选好的蛋浸入，让蛋壳粘上黄泥盐水。粘好后放入蛋篓内，上面撒上少量食盐，盖上草纸，放入仓库，经30～40天后成熟。盐泥配制：每1000枚蛋使用食盐12～15千克，干燥黄泥12千克，冷开水8～9千克。料泥的浓稠程度可用鹅蛋做试验，如将蛋放入浆中，蛋若一半浮在泥浆上面，另一半浸入泥内，表明泥浆浓稠程度最为合适。

3. 盐水鹅咸蛋的加工

加工用配料主要是食盐和水，也有加入少量花椒、辣酱、白酒的。一般情况下用食盐5千克加水20千克（盐水浓度20%为宜），把食盐倒入开水中溶解，待冷却至20℃左右，将蛋放入腌制，并用竹片将蛋压住，使之不上浮。在25℃情况下腌30天左右成熟。采用此法比灰包蛋、黄泥蛋成熟快，但不宜久贮。腌制1个月且蛋壳上会出现黑斑。

三、鹅下脚料的加工利用

1. 鹅骨的加工利用

鹅屠体在加工剔骨鹅肉时，鹅骨是一种副产品。肥肝鹅在屠宰、取肝、分割后，割下的带肉骨架，不包括主要肉块，重1千克左右。人们在食用鹅肉后，废弃的主要是骨头，重量占胴体的12%～15%。这些骨头都可以利用。一般来说，骨中水分含量占22%～30%，在干物质中蛋白质占20%～25%、脂肪占15%～20%、灰分占45%～50%。

鹅胴体分割留下的带肉骨架，应该用来加工成人的食品，如鹅骨肉泥。骨头能提供优质钙、磷，骨髓内含有很多维持生命所必需的营养物质，其中有脑所不可缺少的磷脂质、磷蛋白，还有防止老化作用的骨胶原、软骨素，以及多种氨基酸、维生素，称得上是小的营养宝库。表9-11是肥肝鹅在取肝以后各分割部位及可食内脏占屠体比率，其中胸、腿、翅可作分割肉利用，三者合计占屠体的百分率品种间很接近，溆浦鹅占47%，狮头鹅占47.07%；心、肌、胃作可食内脏利用;脚、头作可食副产品利用;躯壳这一副产品可作生产鹅骨肉泥的原料,其占屠体的比例均在40%以上。鹅的带肉骨架,经过切碎、粉碎、搅拌、研磨,就成鹅骨肉泥,可包装、冷藏备用。加工的关键设备是:刨骨机,负责切碎骨骼;切碎机,将碎骨粗粉碎;搅拌机,将骨粉与附加原料均匀地混合;磨骨机,用胶体磨将骨粉等研磨为细腻的骨糊。在加工过程中,为防止升温影响产品质量,常加冰块降温。鹅骨肉泥,色泽淡雅,组织细腻,口感良好,其中含水分61.62%,干物质38.38%。在干物质中,含粗蛋白质31.19%,粗脂肪48.36%,粗灰分19.87%,钙6.52%,磷1.00%。鹅骨肉泥是价廉物美的老年保健食品,可在饺子、烧卖、肉饼、香肠、灌肠、肉丸子等馅中适当添加。

表 9-11　肥肝鹅各分割部位及可食内脏占屠体比率　%

品种	只数	各分割部位及可食内脏占屠体比率							
		胸	腿	翅	肌胃	心	脚	头	躯壳
溆浦鹅	77	18.40	20.20	8.40	2.30	0.80	2.60	2.70	44.6
狮头鹅	30	18.63	18.84	9.60	2.19	0.68	2.99	4.18	40.5

2.鹅血的加工利用

鹅屠宰时放出的血量,约占体重的5%。血液中水分约占80%,干物质占20%。血液的液体部分——血浆中,含有白蛋白、球蛋白、纤维蛋白原;有形成分中,含有血红蛋白。在全血的干物质中,蛋白质含量在90%左右;在全血中,蛋白质含量约17%。此外,血中还含有非蛋白态的氮(如多肽、氨基酸、肌酸等)、脂类、糖类、矿物质等。

鹅血含有一定数量的营养物质,使它具有食用价值。我国一般将鹅血与2～3倍的淡盐水充分混合,就会凝结,烹调后可供食用,味鲜质嫩。国外通常将鹅血按一定比例添加到肉制品中食用。欧洲还有专门的禽血香肠,英国典型的黑香肠含血液50%～

55%。还有的在灌肠中加入15%的全血蛋白，可使产品率提高20%～30%，同时色泽、风味、切面弹性等均优于不加全血蛋白的制品。

一般鹅屠宰放血后，应立即进行脱纤，即将血液中的纤维蛋白除掉，可作食用血和制药用血。食用血可用手工或机械搅拌器进行搅打脱纤。生产工业产品的用血可以在凝结后脱纤，先用粉碎机将血块打碎，放置澄清一定时间后，纤维蛋白体就浮到上面。脱纤后的血用分离机能分离出血清和有形成分。这种血清也可以加入到灌肠里面作食品，还可用于提取鹅血白蛋白，这是一种成本低、用途广、人体易吸收的药用基料。分离出的纤维蛋白，可用来制取医疗用的纤维蛋白膜、水解蛋白。“鹅血片”是一种成本很低的人用抗癌药物，用它治食道癌、胃癌、肺癌、鼻咽癌等，有效率可达65%。

鹅血（脱纤或不脱纤）经过蒸煮、脱水、烘干、粉碎后就成为血粉。鹅血经过脱纤、初滤、复滤、喷粉、干燥也能成为血粉。血粉中的蛋白质应不低于81%，水分不超过10%，脂肪不超过3%，灰分不超过5%。血粉是良好的蛋白质饲料。现介绍食用鹅血和饲用鹅血加工：一是盒装鹅血豆腐。其工艺流程：采血→过滤→脱气→配料→装盒→凝固→灭菌→检验→成品入库。操作要点：采血：食用血必须来自健康鹅群，在收血容器中加适量清水，水中加食盐，盐里约水量20%，待盐溶化后，即可将鲜鹅血接入，约为水的2倍。过滤和脱气：降温后的血液经过20目筛过滤，除去凝块，放入脱气罐进行真空脱气。脱气温度40℃，真空度0.08～0.09兆帕，约5分钟。配料装盒：向脱气后的鹅血中加入凝血因子活化剂（依说明加入），搅拌均匀并快速装入盒中，使之在15分钟内自然凝固。封盒：鹅血在盒凝固后，将盒边缘沾有的鹅擦干净，即可用热封机封盒。灭菌：待水沸腾，水温升至121℃，水浴杀菌15～30秒。检验：灭菌后的产品经检验无破损、无漏气、无变形，方可入库。夏季常温下保质期 15 天，冬季保质期 30 天。二是鹅血饲料。三种简易方法：工艺流程：鲜血→拌入孔性载体→干燥→成品。要点：①吸附法。将 1～2 倍血量的麸皮（米糠或饼粕粉）与血混合，搅拌均匀后摊晒于水泥地上，勤翻动，一般 4～6 小时可晒干，然后粉碎即可。用麸皮或米糠制成的血粉含蛋白质 30%～35%，用饼粕粉制成的血粉含粗蛋白 45%～50%，在鸡日粮中一般用 3%左右。②蒸煮法。可用大豆磨成粉做载体，加工方法基本同上，但在制作时要把血豆粉做成块状，蒸 20 分钟，待其凉后搓成细条晾干，再粉碎。含粗蛋白 47%左右。雏鸡用量不超过日粮 3%，喂青年鸡可全部代替鱼粉，喂蛋鸡可部分或全部代替鱼粉。③晒干法。把鹅血倒入锅内，加入相当于血量 1%～1.5%的生石灰，煮熟使之形成松脆的团块，捞出团块切成 5～6 厘米的小块，摊放在水泥地上晒干至呈棕褐色，再用粉碎机粉碎成粉未状，即成血粉。此血粉用来喂肉鸡一般占日粮的 3%，喂产蛋鸡占日粮的 2%～3%。如果在血粉中加入 0.2%丙酸钙，并将装血粉用的口袋在 2%丙酸钙水溶液中浸泡，晒干后再装血粉，可以起到较好的防霉作用。

3. 混合下脚的加工利用

鹅屠宰、分割后，除去供人们食用的以外，还有不少废弃物，如头、颈、血、骨、爪、毛、脏器、肠胃内容物等。可加工利用。鹅脑可用来进行生物化学处理，提取激素类药品。鹅爪皮经过加工成鹅爪皮，适于制作表带、钥匙链等，具有厚薄均匀、细致柔软、抗拉性能强的特点。也可以将上述混合下脚料，经高压蒸煮（水解、灭菌）、搅拌、降压干燥、筛选冷却、粉碎、包装，变为蛋白质饲料。

4. 鹅粪的利用

1 只鹅 1 年可产鲜粪 100 多千克。一般的鹅粪含水分 77.1%，有机物 23.4%，含氮 0.55%、磷酸 0.50%、氧化钾 0.95%。鹅的粪、尿是混合排出的，其中的氮素以尿酸形态为主。尿酸盐类不能直接被作物吸收利用，对作物根系的生长也不利，应先堆藏腐熟后施用。腐熟的鹅粪是一种细肥,多作追肥作用,肥效较好,如能与其他肥料配合施用,效果更佳。

在生产肥肝强制填饲的条件下,鹅每天摄入超额的饲料,饲料在鹅消化道内停留时间短,鹅对饲料的消化能力下降,鹅粪中含有大量的未消化吸收的营养物质。据湖南农学院分析,这种粪便含粗蛋白质 22.9%,粗脂肪 17.4%,无氮浸出物 45.3%,粗纤维 7.7%,粗灰分 6.7%,说明营养相当丰富。这种鹅粪可以直接用来喂鱼,烘干后可喂猪,掺入量可占饲料的 15～20%。据统计,每只中型鹅在填饲期间消耗玉米 15～20 千克,所排泄的鹅粪烘干后可得到相当于 6 千克左右玉米饲料。

附　录

家禽常用饲料营养成分及营养价值表

饲料名称	干物质（%）	代谢能		粗蛋白（%）	粗纤维（%）	钙（%）	磷（%）	赖氨酸（%）	蛋氨酸（%）	胱氨酸（%）
		（兆焦/千克）	（兆卡/千克）							
大白菜	6.0	0.31	0.07	1.4	0.5	0.03	0.04	0.03	0.03	0.05
小白菜	7.9	0.46	0.11	1.6	1.7	0.04	0.06	0.08	0.01	0.03
苦荬菜	9.7	0.54	0.13	2.3	1.2	0.14	0.04	0.06	0.02	0.03
苋菜	12.0	0.63	0.15	2.8	1.8	0.25	0.07	0.12	0.01	0.02
甜菜叶	11.0	1.26	0.30	2.7	1.1	0.06	0.01	0.11	0.03	0.01
莴苣叶	8.0	0.67	0.16	1.4	1.6	0.15	0.08	0.09	0.02	0.01
胡萝卜秧	20.0	1.59	0.38	3.0	3.6	0.40	0.08	0.06	0.03	0.01
甘薯	25.0	3.68	0.88	1.0	0.9	0.13	0.05	0.02	0.01	0.01
胡萝卜	12.0	1.59	0.38	1.1	1.2	0.07	0.01	0.03	0.01	0.01
南瓜	10.0	1.42	0.34	1.0	1.2	0.04	0.02	0.03	0.03	0.01
红三叶草	12.0	0.71	0.17	3.1	1.9	0.13	0.04	0.13	0.03	0.07
毛苕子	15.8	0.84	0.20	5.0	2.5	0.20	0.06	0.18	0.04	0.11
紫云英	13.0	1.34	0.32	1.9	2.4	0.18	0.07	0.13	0.03	0.02
黑麦草	16.3	2.05	0.49	2.1	2.9	0.10	0.04	0.12	0.02	0.02
狗尾草	10.1	1.78	0.43	1.1	3.2	0.11	0.05	0.04	0.01	0.01

续表

饲料名称	干物质（%）	代谢能		粗蛋白（%）	粗纤维（%）	钙（%）	磷（%）	赖氨酸（%）	蛋氨酸（%）	胱氨酸（%）
		（兆焦/千克）	（兆卡/千克）							
马唐草	28.1	1.84	0.44	3.3	6.7	0.16	0.03	0.11	0.04	0.03
苜蓿草	29.2	1.21	0.29	3.0	3.1	0.49	0.09	0.23	0.10	0.05
聚合草	11.2	0.59	0.14	3.7	1.6	0.23	0.06	0.13	0.08	0.04
槐树叶粉	90.3	3.97	0.95	18.1	11.0	2.21	0.21	0.93	0.14	0.12
甘薯粉	89.0	11.80	2.82	3.8	2.2	0.15	0.11	0.14	0.02	0.04
苜蓿草粉	89.0	3.89	0.81	20.4	19.7	1.46	0.22	0.76	0.30	0.16
大麦	88.8	11.13	2.66	10.8	4.7	0.12	0.29	0.37	0.19	0.18
糙米	87.0	13.97	3.34	8.0	0.7	0.04	0.25	0.15	0.08	0.10
高粱	89.3	13.01	3.11	8.7	2.2	0.09	0.28	0.20	0.11	0.12
裸大麦	88.0	11.59	2.77	12.0	2.5	0.08	0.31	0.37	0.19	0.18
小麦	91.8	12.89	3.08	12.1	2.4	0.07	0.36	0.34	0.11	0.25
玉米	88.4	14.06	3.36	8.6	2.0	0.04	0.21	0.27	0.14	0.17
稻谷	90.6	10.67	2.55	8.3	8.5	0.07	0.28	0.31	0.10	0.10
碎米	88.0	14.01	3.37	8.8	1.1	0.04	0.23	0.16	0.11	0.15
米糠	90.2	10.92	2.61	12.1	9.2	0.14	1.04	0.50	0.17	0.10
米糠饼	90.7	8.03	1.92	15.2	8.9	0.12	1.49	0.53	0.21	0.29
小麦麸	88.6	6.57	1.57	14.4	9.2	0.18	0.78	0.47	0.15	0.23
优等小麦麸	89.1	7.07	1.69	15.6	8.0	0.21	0.87	0.56	0.16	0.27

续表

饲料名称	干物质（%）	代谢能		粗蛋白（%）	粗纤维（%）	钙（%）	磷（%）	赖氨酸（%）	蛋氨酸（%）	胱氨酸（%）
		（兆焦/千克）	（兆卡/千克）							
八四粉麦麸	88.0	7.24	1.73	15.4	8.2	0.14	1.06	0.67	0.16	0.58
七二粉麦麸	88.0	7.95	1.90	14.2	7.3	0.12	0.85	0.65	0.17	0.57
蚕豆	88.0	10.79	2.58	24.9	7.5	0.15	0.40	1.70	0.11	0.45
大豆	88.0	14.06	3.36	37.0	5.0	0.27	0.48	2.41	0.45	0.56
黑豆	88.0	13.14	3.14	36.1	6.7	0.24	0.48	2.22	0.43	0.27
豌豆	88.0	11.42	2.73	22.6	5.9	0.13	0.39	1.64	0.09	0.46
菜籽饼	92.2	8.45	2.02	36.4	10.7	0.73	0.95	1.62	0.70	0.91
菜籽粕	91.2	7.99	1.91	38.5	11.8	0.79	0.96	1.08	0.86	0.93
大豆饼	90.6	11.05	2.64	43.0	5.7	0.32	0.50	2.45	0.44	0.64
大豆粕	92.4	10.29	2.46	47.2	5.4	0.32	0.62	2.60	0.37	0.46
黑豆饼	88.0	10.54	2.52	39.8	6.9	0.42	0.48	2.24	0.35	0.40
花生饼	90.0	12.26	2.93	43.9	5.3	0.25	0.52	1.35	0.39	0.55
棉仁饼	92.2	8.16	1.95	33.8	15.1	0.31	0.64	1.29	0.30	0.32
棉仁粕	91.0	7.95	1.90	41.4	12.9	0.36	1.02	1.22	0.37	0.35
玉米胚芽饼	90.0	9.54	2.28	16.8	5.7	0.03	0.85	0.69	0.23	0.60
等外鱼粉	91.2	8.37	2.00	38.6	—	6.13	1.03	2.12	0.74	0.32
国产鱼粉	89.5	10.25	2.45	55.1	—	4.59	2.15	3.64	1.87	0.47
进口鱼粉	89.0	12.13	2.90	60.5	—	3.91	2.90	3.0	1.16	0.46

续表

饲料名称	干物质(%)	代谢能		粗蛋白(%)	粗纤维(%)	钙(%)	磷(%)	赖氨酸(%)	蛋氨酸(%)	胱氨酸(%)
		(兆焦/千克)	(兆卡/千克)							
秘鲁鱼粉	90.0	12.13	2.90	62.0	—	3.13	2.90	4.35	1.18	1.03
蚕蛹	91.0	14.27	3.41	53.9	—	0.25	0.58	3.07	1.23	0.36
蚕蛹渣	89.3	11.42	2.73	64.8	—	0.19	0.75	3.86	1.32	0.68
肉骨粉	94.0	11.38	2.72	53.4	—	9.20	4.70	2.60	0.67	0.33
血粉	88.9	10.29	2.46	84.7	—	0.20	0.22	7.79	0.68	1.69
酵母	91.9	9.16	2.19	41.3	—	2.20	2.92	2.08	1.82	0.35
动物油	99.5	32.22	7.70	—	—	—	—	—	—	—
植物油	99.5	36.82	8.80	—	—	—	—	—	—	—
胶胶骨粉	88.0	—	—	—	—	36.4	16.4	—	—	—
普通骨粉	89.5	—	—	—	—	31.82	13.39	—	—	—
蛋壳粉	88.0	—	—	—	—	37.0	0.15	—	—	—
贝壳粉	88.0	—	—	—	—	33.4	0.14	—	—	—
二级石粉	88.0	—	—	—	—	35.0	—	—	—	—
磷酸氢钙	88.0	—	—	—	—	23.1	18.7	—	—	—
磷酸氢钙	88.0	—	—	—	—	27.91	14.38	—	—	—

参考文献

[1] 曹霄,掌子凯,何正东.肉用仔鹅高产饲养新技术.上海:上海科学技术出版社,1995.

[2] 章世元,谢月华.家禽营养与饲料生产技术实用指南.南京:南京大学出版社,2000.

[3] 尹兆正,余东游,祝春雷.养鹅手册.北京:中国农业大学出版社,2001.

[4] 焦库华,陈国宏.科学养鹅与疾病防治.北京:中国农业出版社,2001.

[5] 谢庄.肉鹅高效益养殖技术.北京:金盾出版社,2006.

[6] 沈益新,王恬.种草养鹅技术.北京:中国农业出版社,2006.

[7] 张海彬.绿色养鹅新技术.北京:中国农业出版社,2007.

[8] 王述柏.无公害鹅安全生产手则.北京:中国农业出版社,2008.

[9] 朱永和,王俊邦,王云平.鹅高效益养殖关键技术问答.北京:中国林业出版社,2008.

[10] 张玲.小型养鹅场创办与经营.南京:凤凰出版传媒集团、江苏科学技术出版社,2008.

[11] 彭祥伟,梁青春.新编鸭鹅饲料配方600例.北京:化学工业出版社,2008.

[12] 魏刚才.实用养鹅技术.北京:化学工业出版社,2008.

[13] 陈宗刚.肉用鹅饲养与繁育技术.北京:科学技术文献出版社,2009.

[14] 张守然.科学养鹅实用技术.内蒙古:内蒙古人民出版社,2009.